आपदा प्रबन्धन
(Disaster Management)

डॉ. चन्द्र प्रकाश शुक्ल
एम.एससी., पीएच.डी.

आविष्कार पब्लिशर्स, डिस्ट्रीब्यूटर्स
जयपुर-302 003 (राज.)

प्रकाशक
प्रेमचन्द बाकलीवाल
आविष्कार पब्लिशर्स, डिस्ट्रीब्यूटर्स
807, व्यास बिल्डिंग, चौड़ा रास्ता
जयपुर–302 003 (राज.)
फोन : 0141–2578159
ई–मेल : aavishkarbooks@hotmail.com
www.aavishkarpublishers.com

ISBN 978-81-941164-6-2

प्रथम संस्करण : 2019

मूल्य : ₹ 495.00

मुद्रक
हरीश आर्ट प्रिन्टर्स
जयपुर–302 003 (राज.)

भूमिका

आपदा ऐसी सामान्य घटना है जो सीमित अवधि के लिए आती है किन्तु किसी भू भाग की या देश की अर्थव्यवस्था को छिन्न-भिन्न कर देती है। हम आपदा को ऐसा संकट कह सकते हैं जो किसी समुदाय की सहनशक्ति से परे हो जाता है जिससे वह समुदाय तत्काल सँभल नहीं पाता या उसका सामना नहीं कर पाता। उसे अन्य लोगों की, संगठनों एवं सरकार की सहायता लेनी पड़ जाती है। कोई भी आपदा मानव को झकझोर देने वाली हैं—प्रायः ऐसी भयंकर घटना जिससे मनुष्य किंकर्तव्यविमुढ़ हो जाता है और प्रायः जान गँवा देता है। चूँकि कोई भी आपदा बताकर नहीं आती है इसलिए पहले से ही सर्तक रहने की आवश्यकता होती है। कोई भी आपदा चाहे वह प्राकृतिक हो या मानवकृत, उससे जान-माल को भारी क्षति पहुँचती है। आपदाओं से मनुष्यों, पशुओं, पेड़-पौधों तथा इमारतों को क्षति पहुँचती ही है, इनका मनोवैज्ञानिक प्रभाव भी पड़ता है।

प्राकृतिक घटनाएँ जब चरम रूप ग्रहण कर लेती हैं तो उनसे मानव सहित सम्पूर्ण जैव जगत कठिनाई में पड़ जाता है, और कभी-कभी विनाश की स्थिति हो जाती है। ऐसी घटनाएँ कभी-कभी इतनी त्वरित होती हैं कि सँभल पाना कठिन हो जाता है। कभी इनका प्रकोप क्षेत्रीय होता है तो कभी समूचा राष्ट्र आक्रान्त होता है। प्रकृति की इन घटनाओं के सामने कभी-कभी मनुष्य बौना बन जाता है, जैसे-भूकम्प। ऐसी घटनाएँ प्रकृति की सामान्य परिवर्तन प्रक्रिया से जन्म लेती हैं, लेकिन कभी-कभी इनकी गहनता और विस्तार के लिए मनुष्य की कुछ अनुक्रियाएँ सहायक बन जाती हैं जैसे- वन विनाश से मौसमी घटनाओं की अग्रता। ऐसी विघटनकारी प्राकृतिक घटनाओं को प्राकृतिक आपदा, पर्यावरणीय प्रकोप, पर्यावरणीय आघात, चरम घटना आदि शब्दावलियों से व्यक्त किया जाता है, लेकिन मूल भावना सभी स्थितियों में समान है। जब भी प्रकृति या मानव जनित भौतिक घटना जैव जगत के लिए हानिकारक या विनाशक हो तो उसे प्राकृतिक प्रकोप कहा जाता है। अतः स्पष्ट है कि भौतिक या पर्यावरणीय तत्वों से उत्पन्न विनाशकारी घटना को पर्यावरणीय संकट या प्राकृतिक प्रकोप भी कहते हैं, जैसे-भूकम्प, बाढ़, सूखा, मृदा अपरदन, आदि।

जैसा कि विदित है कि पर्यावरण के जैव और अजैव घटक प्राकृतिक नियमों के तहत अपने सम्बन्धों को बनाए रखने का हर सम्भव प्रयास करते हैं। जब ऐसे सम्बन्ध को किसी रूप में खण्डित किया जाता है तो उसकी प्रतिक्रिया होती है। यदि इस प्रतिक्रिया की अनदेखी कर सम्बन्धों को सुधारने का प्रयास न किया जाए तो ऐसी अनेक पर्यावरणीय समस्याएँ प्रकट होती हैं जो मानव सहित जैव समुदाय के लिए संकट पैदा कर देती हैं। पर्यावरण असन्तुलन से प्रकट होने वाली दैवीय विपत्तियाँ जीव जगत को अस्त-व्यस्त कर देती हैं। भूकम्प, ज्वालामुखी, चक्रवात, बाढ़, सूखा, भूमिक्षरण, मरूस्थलीकरण और महामारियां प्राकृतिक आपदाओं की प्रतीक हैं। ऐसे प्रकोपों से होने वाली हानि कभी-कभी इतनी भयंकर होती है कि सारे वैज्ञानिक और तकनीकी विकास के बावजूद मानव इनके सामने घुटने टेक देता है। इन प्राकृतिक प्रकोपों का सीधा सम्बन्ध पर्यावरण से है। यहाँ उल्लेख करना आवश्यक है कि इन प्रकोपों का सन्दर्भ आधुनिक काल में बदल गया है। इसके दो कारण हैं। प्रथम, यह कि इनके सम्बन्ध में जो पुरानी मान्यता युगों-युगों तक रही है उसमें काफी बदलाव आया है, क्योंकि इनकी बारम्बारता, प्रभाव, विस्तार और सघनता में पहले की अपेक्षा अब बदलाव महसूस किया जा रहा है और द्वितीय, मानव सहित अन्य जीवों पर इनका प्रभाव अधिक हानिकारक हो गया है। मानव संख्या और समृद्धि में वृद्धि के कारण प्राकृतिक संकटों के प्रभाव भयावह रूप प्रस्तुत करने लगे हैं। बाढ़ पहले भी आती थी, लेकिन जन-धन का जो विनाश आज देखने को मिलता है वैसा पहले नहीं था। आज भूकम्प का घाव अधिक गहरा हो गया है, क्योंकि कभी-कभी समूचा शहर श्मशान बन जाता है। अतः प्रकृतिक प्रकोपों के स्वरूपों, कारणों, प्रभावों तथा उनके बचाव का ज्ञान आवश्यक है।

यह पुस्तक पर्यावरण विज्ञान व आपदा विषयक विभिन्न क्षेत्रों में जिज्ञासा रखने वाले प्रेमी पाठकों के लिए मार्गदर्शक का कार्य करेगी। प्रस्तुत पुस्तक के रचना में प्रत्यक्ष तथा अप्रत्यक्ष रूप से सहयोग करने वाले वैज्ञानिक लेखकों के प्रति मैं कृतज्ञता ज्ञापित करता हूँ। आशा है पुस्तक में रह गई कमियों के लिए पाठक गण हमारा ध्यान अवश्य आकृष्ट करेंगे।

मंगलमय कामनाओं सहित!

—डॉ. चन्द्र प्रकाश शुक्ल

अनुक्रमणिका

1

परिचय

आपदा का सामन्य अर्थ संकट या विपत्ति है। ये वे परिघटनाएँ हैं जिनमें मानव जीवन सहित सम्पूर्ण जीव-जगत् को प्रभावित करने की शक्ति निहित होती हैं, आपदा के रूप में परिलक्षित होती है। पृथ्वी पर आपदाओं का आगमन लम्बे समय से होता रहा है लेकिन प्रारम्भ में इनका स्वरूप केवल प्राकृतिक ही था, जिनमें भूकंप, ज्वालामुखी, चक्रवात आदि प्रमुख थे, लेकिन धीरे-धीरे जनसंख्या के बढ़ने के साथ ही प्रकृति में इन प्राकृतिक आपदाओं को मानव ने गति प्रदान की है। आज के भौतिक परिवेश में अनेक आपदाएँ घट रही हैं, जैसे- हरित गृह प्रभाव, वैश्विक तापन तथा जलवायु परिवर्तन आदि। यद्यपि भूवैज्ञानिक इतिहास में अनेक बार जलवायु परिवर्तन हुए हैं लेकिन वर्तमान में हो रहा जलवायु परिवर्तन पूर्णतया प्राकृतिक न होकर मानव जनित अधिक है। इसी प्रकार भूकंप का आगमन प्राकृतिक एवं मानव जनित दोनों रूपों में होती है।

प्राकृतिक आपदाओं के समक्ष मानव की विवशता लम्बी अवधि से बनी हुई है। इनके द्वारा प्रकोप व विनाश की स्थिति उत्पन्न हो जाती है, जैसे- भूकंपजनित सुनामी आपदा का आना, ज्वालामुखी का फटना, हिमस्खलन, बादल फटना, चक्रवात आना आदि।

आपदा अंग्रेजी के 'डिजॉस्टर' (Disaster) शब्द का पर्याय है जो फ्रेंच भाषा के 'डेस्सास्टेर' (Desartre) से बना है। इसनमें 'डेस्स' शब्द का अर्थ है 'बुराई' तथा 'अस्टेर' का अर्थ है 'स्टार' 'सितारा'। अतः डेस्सास्टेर का अभिप्राय है एक बुरा सितारा। सामान्य अर्थ में 'डिजॉस्टर' शब्द का अभिप्राय 'भारी क्षति' होता है।

आपदा का अर्थ है एक अचानक होने वाली विध्वंसकारी घटना है जिसमें व्यापक क्षति निहित होती है,जैसे जान-माल का संकट सामान्यतः प्रकोप तथा आपदा शब्दों का प्रयोग परस्पर एक-दूसरे समानार्थी शब्दों के रूप में किया जाता है लेकिन इनका अभिप्राय एवं

प्रभाव अलग-अलग होता है। प्रकोप किसी भौतिक घटना से होने वाला संकट या खतरा है, जो किसी विशिष्ट स्थान पर घटित होता है तथा इसमें हानि पहुँचाने या क्षति करने की पर्याप्त क्षमता निहित होती है। यदि भूकम्प या ज्वालामुखी फटने जैसी अनेक घटनाएँ क्षेत्रों में परिलक्षित होती है, तो इसे प्रकोप की संज्ञा दी जायेगी, लेकिन यदि यही घटनाएँ बसे हुए आबादी क्षेत्रों में घटित होती हैं तथा इससे उक्त क्षेत्र में भौतिक तथा मानव सम्पत्ति को क्षति पहुँचती है, तो इसको आपदा कहा जाएगा। प्रकोप आपदा के पूर्व की दशा होती है, जिसका स्वरूप विशाल क्षति अर्थात् आपदा के रूप में हो सकती है।

प्राकृतिक प्रकोप के द्वारा जब आधारभूत संरचना को भारी क्षति का सामना करना पड़ता है तो वह आपदा के रूप में देखी जाती है। आपदा से सामान्य जन-जीवन में व्यावधान उत्पन्न होता है तथा वह गंभीर होता है। कुछ वर्ष पूर्व 26 जनवरी, 2001 को गुजरात के कच्छ क्षेत्र में सामान्य जन-जीवन तथा महकती प्रकृति को भूकम्प के ऐसे झटके लगे कि वहाँ सर्वत्र मलबे का ढेर नजर आने लगा। अचानक शवों के ढेर मलबे में दब गए तथा मानव-जीवन अस्त-व्यस्त हो गया। ऐसी ही आपदा 26 दिसम्बर, 2004 को हिन्द महासागर में सुनामी के नाम से घटित हुई। इस प्रकार आपदा घटित क्षेत्र में सामाजिक-आर्थिक ढाँचा, स्वास्थ्य एवं संचार प्रणालियाँ क्षतिग्रस्त हो जाती हैं। सार्वजनिक परिसम्पत्तियों को क्षति पहुँचने से विकास की गतिविधियों में व्यवधान आता है तथा संसाधनों का काफी नुकसान होता है।

आपदा जब परिलक्षित होती है तो वह मानव पर विनाशकारी प्रभाव छोड़ने के साथ ही देश के सभी तंत्रों पर भी अपना प्रभाव डालती है। आपदा के घनत्व, विनाशक क्षमता की बारंबारता, पूर्वानुमान की अवस्था तथा अवधि के परिप्रेक्ष्य में प्राकृतिक आपदाएँ भिन्न-भिन्न प्रकार की होती हैं।

प्राकृतिक आपदाएँ

प्राकृतिक आपदाएँ पूर्णतया प्रकृति जनित होती है और इसमें प्राकृतिक शक्तियाँ निहित होती है। इनमें भूकंप, ज्वालामुखी, सुनामी, चक्रवात, बादल फटना आदि घटनाएँ प्रमुख होती हैं। बाढ़, सूखा, मरुस्थलीकरण तथा अनेक जैविक आपदाएँ दोनों वर्गों में रखी जा सकती हैं जैसे यदि प्राकृतिक रूप से अधिक वर्षा होने पर बाढ़ आती है या वर्षा के अभाव में सूखा की स्थिति बनती है तथा मरुस्थलीकरण की प्रक्रिया तीव्र होती है तो पूर्णतया ये आपदाएँ प्राकृतिक हैं, लेकिन मानव द्वारा नदियों को प्राकृतिक अपवाह से प्रभावित करने, वनोन्मूलन करने आदि से बाढ़ की घटनाएँ होती है या भूजल के तीव्र दोहन, सघन कृषि, तीव्र वनोन्मूलन, सतही जलस्रोतों के अतिदोहन से सूखा की स्थिति में तीव्रता आती है तो ये बढ़ा एवं सूखा मानव जनित आपदाएँ के रूप में जानी जाती हैं। भूकंप संवेदी क्षेत्र में बाँध बनाने से आने वाले भूकंप को मानव जनित आपदा माना जाता है।

प्राकृतिक आपदाओं के प्रकार

प्राकृतिक एवं मानवकृत आपदाओं के मध्य अंतर की जानकारी कर पाना यद्यपि कठिन कार्य है, क्योंकि अनेक बार मानवीय कार्यों के परिणामस्वरूप भी प्राकृतिक आपदाएँ आती हैं, जैसे पृथ्वी पर मानवीय क्रिया-कलापों के कारण हरित गृह प्रभाव तथा ओजोन परत का क्षरण हो रहा है, जिसके कारण पृथ्वी का तापमान बढ़ रहा है। इस बढ़ते हुए तापमान के कारण विशाल हिम राशि पिघल रही है तथा समुद्र तल में परिवर्तन आ रहा है। यद्यपि कुछ आपदाएँ मानव जनित भी होती हैं, जैसे—ड्राप्सी महामारी, तीव्र वनोन्मूलन से वन्यजीव की समाप्ति, जल सकंट प्रदूषण का कहर आदि। सामान्यतः प्रकृतिजन्य आपदाओं को प्राकृतिक आपदाएँ कहते हैं, जैसे—उष्ण कटिबन्धीय चक्रवात, भूकंप, ज्वालामुखी आदि। प्राकृतिक आपदाएँ पृथ्वी के अन्तर्गत एवं बहिर्जात प्रक्रमों द्वारा उत्पन्न होती हैं। संयुक्त राष्ट्र आपदा राहत समन्वयक के एक प्रतिवेदन के अनुसार समस्त पृथ्वी पर घटित प्राकृतिक आपदाओं का 90 प्रतिशत विकासशील देशों में घटित होता है, लेकिन इस प्रतिवेदन पर पूर्णरूप से विश्वास नहीं किया जा सकता। क्योंकि प्राकृतिक आपदाएँ किसी राजनीतिक सीमाओं से आबद्ध नहीं होती हैं। यद्यपि इनके प्रभावों को इन विकासशील देशों में नियंत्रित करने में पर्याप्त सफलता नहीं मिली है तथा साथ ही इन देशों में उपयुक्त प्रबंधन के अभाव में प्राकृतिक तंत्र में ऐसी अव्यवस्थायें उत्पन्न कर दी जाती हैं जिनसे इन आपदाओं के कारणों की संख्या बढ़ जाती है, जैसे—राजस्थान में दोहन की जा रही दर से ही भूजल का उपयोग किया जाता रहा तथा पर्याप्त पुनर्भरण की व्यवस्था नहीं की गई तो भूकम्प की तीव्रता एवं प्रभाव क्षेत्र में बढ़ोत्तरी होगी तथा भूकंप का प्रकोप सम्पूर्ण राजस्थान में फैलेगा, क्योंकि भूकंप तरंगे पानी में दूर तक फैलती हैं, जिस कारण उनकी तीव्रता कम होकर क्षति क्षमता में भी ह्रास हो जाता है। इसी प्रकार बाढ़, सूखा तथा मृदा अपरदन की दर को मानवीय कारकों ने अन्धाधुन्ध वनोन्मूलन कर तीव्र किया है। इसी प्रकार तीव्र औद्योगिक विकास, जनवृद्धि, प्रकृति विकास, नगरीयकरण आदि के कारण प्राकृतिक आपदाओं की मात्रा एवं बारम्बारता में सतत् वृद्धि हो रही है। उत्पत्ति के स्रोतों के आधार पर प्राकृतिक आपदाओं को निम्नलिखित रूपों में वर्गीकृत किया जा सकता है—

(1) पार्थिव या भूगर्भिक आपदाएँ

(2) पृथ्व्येत्तर प्राकृतिक आपदाएँ।

(1) पार्थिव या भूगर्भिक आपदाएँ—इनके अन्तर्गत पृथ्वी के उन चरणों को सम्मिलित किया जाता है, जिनके द्वारा पृथ्वी की आपदात्पन्न घटनाएँ उत्पन्न होती हैं। इन्हें उत्पत्ति व स्रोत के आधार पर दो वर्गों में विभक्त किया जा सकता है—(क) पार्थिव या अन्तर्जात प्रक्रमों द्वारा उत्पन्न आपदाएँ तथा (ख) बहिर्जात या वायुमण्डलीय दशाओं से उत्पन्न आपदाएँ।

इस वर्ग में भूकंप, ज्वालामुखी, वृद्ध स्तर पर घटित भूस्खलन तथा हिमस्खलन को सम्मिलित किया जाता है। ये आपदाएँ पृथ्वी के अन्तर्जात बलों द्वारा व आन्तरिक तापीय दशाओं के द्वारा उत्पन्न होती हैं। इनमें अधिकांश प्राकृतिक आपदाओं की उत्पत्ति महाद्वीपीय एवं महासागरीय प्लेटों के संचलन के कारण होती हैं।

सारणी 1 : प्रमुख प्राकृतिक आपदाएँ

देश	आपदा	वर्ष	जनहानि
भारत	भूकम्प	1819	15,000
जापान	भूकम्प	1828	30,000
भारत	भूकम्प	1855	3,000
बंगलादेश	चक्रवात	1876	1,00,000
भारत	भूकम्प	1905	20,000
जापान	ज्वालामुखी	1919	5,500
चीन	भूकम्प	1920	1,80,000
जापान	टाइफून	1923	2,50,000
जापान	भूकम्प	1923	1,63,000
पाकिस्तान	भूकम्प	1935	60,000
चिली	भकम्प	1939	40,000
ताईवान	भूकम्प	1948	19,800
भारत	भूकम्प	1950	1,500
इरान	भूकम्प	1957	2,500
मोरक्को	भूकम्प	1960	14,000
इरान	भूकम्प	1962	14,000
यूगोस्लाविया	भूकम्प	1963	1,070
फिलीपाइन	टाइफून	1964	58
पीरू	भूकम्प	1970	67,000
हाण्डूरास	हरिकेन	1974	8,000
चीन	भूकम्प	1975	10,000
ग्वाटेमाला	भूकम्प	1976	23,000
रोमानिया	भूकम्प	1977	1,581

निरन्तर ...

देश	आपदा	वर्ष	जनहानि
संयुक्त राज्य अमेरिका	हरिकेन	1979	1,400
अल्जीरिया	भूकम्प	1980	2,590
पीरु-इक्वोडोर	बाढ़	1983	500
फीजी	चक्रवात	1983	7
कोलम्बिया	भूकम्प	1983	250
बंगलादेश	चक्रवात	1985	11,000
मैक्सिको	भूकम्प	1985	10,000
कोलम्बिया	ज्वालामुखी	1985	2,300
इरान	बाढ़	1986	424
वनातू	टाइफून	1987	50
इक्वेडोर	भूकम्प	1987	1,000
बांग्लादेश	बाढ़	1987	1,600
भारत	सूखा	1987	30करोड़ प्रभावित
भारत (लातूर)	भूकम्प	1993	3,000
भारत (उड़ीसा)	चक्रवात	1999	5,000
भारत (चमौली)	भूकम्प	1999	103
भारत	सूखा	2000	10 करोड़ प्रभावित
भारत	भूकम्प	2001	25,000
भारत	सूखा	2001	170 मिलियन प्रभावित
भारत, श्रीलंका, इंडोनेशिया	सूनामी	2004	1,50,000
भारत-पाकिस्तान	भूकम्प	2005	300 मरे
आस्ट्रेलिया	लैरी चक्रवात	2006	50 हजार घर क्षतिग्रस्त
चीन	चेचू तूफान	2006	99 मछुआरे मरे
फिलीपीन्स	ड्यूरियन तूफान	2006	200 लोगों की मौत
हैती	भूकम्प	2010	10 हजार
भारत (लेह)	भू-स्खलन	2010	2 हजार
सिक्किम	गंगटोक	2011	—
केरल	बाढ़	2018	357

प्लेटों का संचलन पृथ्वी के आंतरिक भागों में तापीय दशाओं के कारण उत्पन्न संवाहनीय तरंगों के परिणामस्वरूप होता है।

पार्थिव या भूगर्भिक आपदाएँ निम्नलिखित हैं—

(i) भूकम्प, (ii) ज्वालामुखी, (iii) हिमस्खलन, (iv) भूस्खलन।

(i) भूकम्प

भूकम्प एक अत्यन्त विनष्टकारी आपदाओं में से एक है। पृथ्वी की सतह से कुछ किलोमीटर तक गहराई में स्थित चट्टानों में उपस्थित दरारों, भ्रंशों, कमजोर सतहों पर परस्पर टकराव गति, हलचल, घर्षण आदि से उत्पन्न एवं प्रसारित कम्पन जो उत्पत्ति केन्द्र के चारों तरफ प्रसारित होकर सतह पर स्थित वस्तुओं आदि को हिला-डुला कर असन्तुलित कर देती है, अर्थात् पृथ्वी की चट्टानों से होकर दोलनकारी तरंगों के गुजरने से उत्पन्न कम्पन को 'भूकम्प' कहते हैं। इसके आने के विभिन्न कारण होते हैं, जिनमें ज्वालामुखी क्रिया, भ्रंशन क्रिया, समस्थितक समायोजन आदि प्रमुख हैं। इनके अतिरिक्त पर्वतीय स्थानों पर भूस्खलन तथा महाद्वीपीय जलमग्न तट का एकाएक टूटना आदि स्थानीय कारण भी सम्मिलित हैं। भूकम्प की तीव्रता मरकेली तथा परिमाप रिक्टर पैमाने की सहायता से मापे जाते हैं।

भूकम्प एक ऐसा प्राकृतिक प्रकोप है जिसके सामने घुटना टेकने के अतिरिक्त कोई रास्ता नहीं बन पाया है। विश्व के कुछ भाग इस प्रकोप से सबसे अधिक तबाह होते हैं जैसे मध्यवर्ती एशिया, जापान और पश्चिमी एशिया। इसके अतिरिक्त विश्व का एक वृहत् भू-भाग, भूकम्प और ज्वालामुखी से संकटग्रस्त पेटी में आता है। भूकम्प पृथ्वी की आन्तरिक चट्टानों में तनाव या सम्पीडन के कारण होता है। जिसका अनुमान लगाना अब भी दुष्कर कार्य है। भूकम्प के झटके कुछ ही क्षणों में हजारों लोगों को कालकवलित कर देते हैं। यूनेस्को के एक सर्वेक्षण के अनुसार प्रति वर्ष 60,000 भूकम्प आते हैं। इनमें से अधिकांश बहुत हल्के होते हैं और इनसे हल्का कम्पन ही होता है। भूकम्पों की तीव्रता के अनुसार विनाश होता है। औसतन एक बड़ा भूकम्प दो वर्ष में एक बार आता है। लगभग 40 मध्यतीव्रता वाले भूकम्प पूरे विश्व में प्रति वर्ष हानि पहुँचाते हैं। इनसे औसतन दस हजार लोग प्रति वर्ष मरते हैं। प्राकृतिक प्रकोपों से मरने वालों में 13% मौतें भूकम्प में होती हैं। दक्षिणी अमरीका का पीरू भूकम्प (1970) से तबाह हो गया जब वहाँ 2 लाख लोग भूकम्प से प्रभावित हुए तथा 67 हजार मौतें हुईं। स्पष्ट है कि भूकम्प प्रति वर्ष जन-धन की इतनी क्षति करता है जिसकी पूर्ति करने में कई देश तबाह हो जाते हैं। भारत में भूकम्प के उत्पीड़न से सबसे अधिक प्रभावित होते हैं। 1928 और 1985 का कश्मीर भूकम्प, 1933 एवं 1934 का बिहार भूकम्प, 1869, 1887 का असम भूकम्प एवं 1819 एवं 1890 का कच्छ भूकम्प भारत के इतिहास से भयावह घटनाओं के रूप में याद किए जाते हैं जब 10 हजार से 30 हजार लोगों की मौत हुई और लाखों लोग घायल हुए तथा करोड़ों की सम्पत्ति नष्ट हो गई। 1967 में कोयना का भूकम्प एक ऐसे क्षेत्र में प्रकट हुआ जिसे भूकम्प रहित क्षेत्र

माना जाता है। महाराष्ट्र के लातूर क्षेत्र में आया भूकम्प (1993) तथा जनवरी, 2001 में गुजरात के भुज क्षेत्र में आए भूकम्प ने यह सोचने के लिए बाध्य कर दिया है कि पठारी भाग को भूकम्परहित क्षेत्र कहना गलत है। भारत में हिमालय क्षेत्र में सबसे अधिक, उत्तरी मैदानी क्षेत्र में मध्यम और दक्षिणी प्रायद्वीप भाग भूकम्प रहित क्षेत्र माना जाता है।

भूकम्प के प्रभाव से कभी-कभी समुद्री क्षेत्रों में ऊँची-ऊँची लहरें भी उठती हैं जिन्हें सुनामी लहर (Tsunami Waves) कहते हैं। ये 25 मीटर तक ऊँची होती हैं तथा 1000 किलोमीटर प्रति घण्टा की गति से चलती है। ये धन-जन की हानि करती है। भूकम्प के फलस्वरूप कभी-कभी आग भी लगती है जिससे भारी क्षति होती है।

पृथ्वी के भूपटल में तीव्र गति से कम्पन पैदा होना भूकम्प कहलाता है। ए.एन. स्ट्राहलर के अनुसार "भूकम्प भूपटल की कम्पन अथवा लहर है जो धरातल के नीचे अथवा ऊपर चट्टानों के लचीलेपन या गुरुत्वाकर्षण की समस्थिति में क्षणिक अवस्था होने पर उत्पन्न होती हैं।" जेम्स एच. जुम्बर्ज के अनुसार "भूकम्प, भूपृष्ठ के प्राकृतिक कम्पन हैं जो धरातल के नीचे किसी बड़ी चट्टान के टूटने से उत्पन्न होते हैं।"

भूकम्प का मूल कारण पृथ्वी की सन्तुलन अवस्था में अव्यवस्था की स्थिति उत्पन्न हो जाना है। भूकम्प का एक मात्र कारण धरातल पर सन्तुलन में अव्यवस्था का उत्पन्न होना ही है।

भूपटल को प्रभावित करने वाली आन्तरिक शक्तियों में भूकम्प एक महत्त्वपूर्ण आकस्मिक शक्ति है। भूकम्प मानव जगत के लिए हृदयविदारक विनाशकारी घटना है, जिसके प्रभाव से क्षणमात्र में प्रभावित क्षेत्र में अपार धन, जन एवं सम्पत्ति की हानि हो जाती है।

भूकम्प का प्रभाव यह दो रूपों में देखा जाता है—1. उत्पत्ति केन्द्र से लहरें चारों तरफ प्रवाहित होती हैं जिनका प्रवाह क्षैतिज होता है। इसकी तुलना तालाब की लहरों से की जा सकती है। जब किसी तालाब में कोई पत्थर फेंका जाता है तो चारों दिशाओं की ओर लहरों की एक शृंखला प्रारम्भ हो जाती है। इसी प्रकार चट्टानों के आकस्मिक विक्षोभ द्वारा विक्षोभ स्थल से सभी दिशाओं की ओर कम्पन आरम्भ हो जाते हैं। इन कम्पनों का संक्रमण ही भूकम्प के रूप में दिखाई पड़ता है। 2. अधिक तीव्रता होने पर धरातलीय भागों में ऊपर तथा नीचे की तरफ लम्बवत् रूप में धसाव होने लगता है।

यह अत्यधिक विनाशकारी साबित होता है।

भूकम्प के कारण—विश्व के भूकम्पयी क्षेत्रों के अध्ययन से स्पष्ट होता है कि भूकम्प प्रायः कमजोर एवं अव्यवस्थित भूपटल के सहारे पाये जाते हैं। भूकम्प का एकमात्र कारण धरातल पर संतुलन में अव्यवस्था उत्पन्न होना ही है। इस अव्यवस्था के उत्पन्न करने के निम्नकारक हो सकते हैं जो भूकम्प को आमंत्रित करते हैं।

(1) ज्वालामुखी क्रिया—जब ज्वालामुखी का उद्‌गार होता है तो भूगर्भ का लावा तथा गैस बाहर निकलने के लिए कठोर भूपटल पर प्रघात करते हैं जिससे भूकम्प की उत्पत्ति होती है। इन भूकम्पों की तीव्रता ज्वालामुखी उद्‌गार की तीव्रता पर निर्भर होती है। इनका

प्रभाव अपेक्षाकृत सीमित क्षेत्र में होता है तथा ज्वालामुखी के निकटवर्ती क्षेत्रों में ही इसकी तीव्रता अधिक होती है। चट्टानों के आकस्मिक विक्षोभ तथा भूकम्प की उत्पत्ति का दूसरा प्रमुख कारण ज्वालामुखी क्रिया है। हालांकि यह क्रिया विवर्तनिकता के अन्तर्गत ही आती है किन्तु इसकी प्रमुखता के कारण इसे पृथक् वर्ग में रखा गया है। प्रायः प्रत्येक ज्वालामुखी उद्गार के पूर्व या उद्गार के साथ-साथ भूकम्प आते हैं। ज्वालामुखी भूकम्पों में प्रघात केन्द्रीय होता है। जबकि विवर्तनिक भूकम्प में प्रघात रेखीय विभंग के अनुरूप होता है।

(2) विवर्तनिकता—इन शक्तियों के द्वारा किसी क्षेत्र का उत्थान या अवतलन अथवा वहाँ की चट्टानों या भ्रंशन, संवलन या चलन सम्भव है। इस प्रकार विवर्तनिक क्रियाओं द्वारा चट्टानों में जो विक्षोभ पैदा होता है। वह भूकम्प की उत्पत्ति का प्रमुख कारण है। भूपटल पर भूकम्प की उत्पत्ति का सबसे महत्त्वपूर्ण कारण विवर्तनिकता है। इसके अन्तर्गरत पृथ्वी की सभी आन्तरिक शक्तियाँ समाहित हैं। चाहे वे महाद्वीप निर्माणकारी (ऊर्ध्वाधर) शक्तियाँ हो या पर्वत निर्माणकारी (क्षैतिज), दोनों ही पृथ्वी की चट्टानों में विक्षोभ पैदा करती हैं।

(3) एकत्रित जल का भार—एकत्रित जल का तात्पर्य जल के कृत्रिम भण्डारण से है। इस असन्तुलन को दूर करने की प्रक्रिया में भूकम्प उत्पन्न होते हैं। भारत के भूकम्प रहित क्षेत्र में कोयला बाँध के कारण सन् 1967 व 1975 में भूकम्पों का प्रादुर्भाव हुआ। भूपटल पर पाये जाने वाले प्राकृतिक जलाशय, यथा—सागर, झली, तालाब, आदि तो समस्थितिक समायोजन की स्थिति में होते हैं किन्तु मानव निर्मित जल के कृत्रिम भण्डारण (जलाशय एवं बाँध) से भूसन्तुलन बिगड़ जाता है।

(4) भूपटल का सिकुड़ना—इस तथ्य से सभी विद्वान सहमत हैं कि पृथ्वी अपनी आरम्भिक अवस्था में अत्यन्त तप्त थी। ताप के विकरण के कारण धीरे-धीरे इसका बाह्य आवरण ठण्डा हुआ है। भूगर्भ में ठण्डे होने की प्रक्रिया आज भी चालू है। ठण्डे होने से चट्टानों सिकुड़ती हैं। जिसका प्रभाव भूपटल पर पड़ता है, फलतः भूकम्प की उत्पत्ति होती है। इसी सिकुडन के कारण कुछ विद्वानों ने पर्वत श्रेणियों की उत्पत्ति को स्वीकार किया है।

(5) समस्थितिक समायोजन—वहिर्जात शक्तियाँ धरातल की काट-छाँट कर इस सन्तुलन को सदैव नष्ट करने में संलग्न रहती हैं। इन सन्दर्भ में नदियों का कार्य अति महत्त्वपूर्ण है। भूपटल पर विभिन्न प्रकार की स्थलाकृतियों (पर्वत, पठार, मैदान, समुद्रीतलहटी आदि) के मध्य सदैव सन्तुलन पाया जाता है। धरातल को अपरदित कर नदियाँ अवसाद को सागर की तलहटी में निरन्तर जमा करती रहती है। फलतः सागर की तलहटी अवसादों के भार के कारण नीचे की ओर धँसती है। पृथ्वी के इस असन्तुलन को दूर करने के लिये उच्च स्थलीय भागों का उत्थान होता है। इस प्रकार पृथ्वी पुनः सन्तुलन स्थापित करती है, जो समस्थितिक समायोजन कहलाता है। इस समायोजन के समय जिन क्षेत्रों में अवतलन एवं उत्थान होता है वहाँ भूकम्प आते हैं। हिमालय पर्वतीय क्षेत्र में भूकम्प आने का यही कारण है।

(6) प्लेट विवर्तनिकी—प्लेट विवर्तनिकी एक आधुनिक संकल्पना है। इसके अनुसार स्थलमण्डल कठोर भूप्लेटों से निर्मित हैं। ये भूप्लेटें सदैव गतिशील रहती है। कहीं दो भूप्लेटें विपरीत दिशा में जाती हैं तो कहीं परस्पर टकराती हैं। दोनों ही अवस्था में भूकम्पों की उत्पत्ति होती है। भूप्लेटों की एक तीसरी स्थिति (संरक्षी प्लेट सीमान्त) भी होती है जिसमें दो प्लेट के एक दूसरे के अगल-बगल खिसक जाती हैं जिससे रूपान्तर भ्रंस (ट्रान्सफॉर्स फाल्ट) बनता है। इस स्थिति में भी भूकम्प पैदा होते हैं।

(7) अन्य कारण—भूकम्पों की उत्पत्ति के उपर्युक्त मुख्य कारणों के अतिरिक्त अनेक गौण कारण हैं। इनमें प्रमुख समुद्र तटीय क्षेत्र में हिमनदों का टूटकर गिरना, पर्वतीय क्षेत्रों में आकस्मिक भूस्खलन, चूने के प्रदेश में कन्दराओं की छतों की अकस्मात गिरना, तटवर्ती क्षेत्र में सागर की लहरों का तट से टकराना आदि हैं। इन कारणों से अत्यन्त क्षीण भूकम्प आते हैं जिनका प्रभाव स्थानीय होता हैं।

भूकम्प का मापन

भूकम्प लेखी या सिस्मोग्राफ नामक यंत्र से किया जाता है। सीस्मोलॉजी या भूकम्प विज्ञान वह विज्ञान है जिसमें सीस्मोग्राफ द्वारा अंकित लहरों की गति तथा उनके उत्पत्ति स्थान एवं प्रभावित क्षेत्रों के विषय में जानकारी प्राप्त होती है। भारत में पुणे, बम्बई, देहरादून, दिल्ली तथा कलकत्ता में भूकम्प लेख यंत्रों को लगाया गया है।

भूकम्प की तीव्रता तथा परिमाण का मापन रिक्टर पैमाने पर किया जाता है। जो 0 से 9 प्रदर्शित करता है। भूकम्प विवर्तनिक शक्तियों के परिणाम स्वरूप घटित होते हैं। सामान्यतः 5.4 रिक्टर मापक तक के भूकम्पों से अधिक नहीं होती है। 4.9 से 5.4 रिक्टर मापक के भूकम्प से यातायात के वाहन उलट जाते हैं। भूकम्प परिमाण मापक के अनुसार निम्न तीव्रता वाले भूकम्प हानिकारक होते हैं—

अनुमानतः विश्व में प्रतिवर्ष 80,000 से अधिक भूकम्प आते हैं। परन्तु शक्तिशाली भूकम्प (8 परिमाण से अधिक) प्रायः 5 से 10 वर्ष के अन्तर पर एक बार आते हैं। भारत के उत्तर पूर्वी भाग में 8 उससे अधिक परिमाण वाले भूकम्प 50 वर्षों में एक बार आते हैं।

भूकम्प का प्रभाव

भूकम्प पृथ्वी की एक ऐसी अन्तर्जात घटना है, जिसके विनाशकारी प्रभाव के कारण यह मानव के लिए अभिशाप माना जाता है। इसके द्वारा भूस्खलन, रचनात्मक, वस्तुओं (भवन, पुल, रेल यातायात, सड़क आदि) की क्षति, नगरों का नष्ट होना, आग लगना, दरार का निर्माण होना, स्थल भाग में उभार तथा धंसाव का होना, बाड़ का प्रकोप होना, आदि घटनाएँ होती है जो प्रलयकारी परिणाम लाती हैं।

4 अप्रैल, 1905 कांगड़ा घाटी, भारत में आये प्रलयकारी भूकम्प का प्रभाव समस्त पंजाब में हुआ। जिसमें 20,000 व्यक्ति भूकम्प के शिकार हुए इस भूकम्प की तीव्रता रिक्टर पैमाने पर 8.6 थी। 15 अगस्त 1950 को असम में 60 भूकम्पीय झटके महसूस किये गये यद्यपि इसमें हताहतों की संख्या कम थी परन्तु वहाँ की नदियों में बाढ़ आ गई। 1970 में चिम्बोटे, पीरू में 7.8-7.9 रिक्टर तीव्रता वाले भूकम्प से लगभग 67,000 लोग प्रभावित

हुए। 1988 में दरभंगा, बिहार में आये भूकम्प से 25,000 मकान क्षतिग्रस्त हुए, 1991 में उत्तरकाशी (उत्तरांचल) में तथा सितम्बर 1993 में, लातूर-किलारी, महाराष्ट्र में आये भूकम्प से हजारों मकान ध्वस्त हो गये, वहीं पर बड़ी संख्या में लोग हताहत हुए। 26 जनवरी, 2001 को गुजरात के कच्छ प्रदेश में 8.1 रिक्टर तीव्रता के भूकम्प से भुज नगर के इर्द-गिर्द 50 हजार से अधिक लोग हताहत हुए। 26 दिसम्बर 2004 का सुमात्रा का भूकम्प जिसमें सुनामी लहरें उत्पन्न होने के कारण भारत सहित श्रीलंका तथा दक्षिण-पूर्वी एशिया के तटीय क्षेत्रों में लाखों जाने लगवानी पड़ीं।

विश्व के भूकम्प प्रभावित क्षेत्र–विश्व के भूकम्प का प्रकोप तीन प्रखण्डों में अधिक पाया जाता है। ये प्रखण्ड हैं—**परिप्रशान्त मेखला–**प्रशान्त महासागर का अमरीकी (उत्तर-दक्षिणी) तट और एशियाई तट, **मध्य महाद्वीपीय मेखला–**स्पेन से शुरू होकर आल्पस, पश्चिमी एशिया, हिमालय होते हुए दक्षिण-पूर्वी एशिया तक का भाग, **मध्य अटलांटिक मेखला–**पश्चिमी द्वीपसमूह तथा अन्य द्वीप। विश्व में औसतन जितने भूकम्प आते हैं उसका 68% परिप्रशान्त पेटी में, 21% मध्य महाद्वीपीय पेटी में तथा 9% मध्य अटलाण्टिक पेटी में आते हैं। इन तीनों पेटियों के अतिरिक्त भी कुछ अन्य क्षेत्रों में कभी-कभार भूकम्प की घटना होती है। परिप्रशान्त पेटी में जापान सबसे अधिक भूकम्प ग्रसित देश है। यहाँ प्रति वर्ष औसतन 1,500 छोटी-बड़ी भूकम्प की घटनाएँ होती हैं।

भारत में सर्वाधिक भूकम्प की सम्भावना हिमालयी क्षेत्र और गंगा के मैदानी भाग में रहती है। दक्षिण का पठारी भाग अपेक्षाकृत कम संवेदनशील है, लेकिन 1967 में कोयना और 1993 का लातूर भूकम्प ने यह सोचने के लिए बाध्य कर दिया है कि क्या वास्तव में पठारी भाग कम संवेदनशील हैं? वास्तव में पठारी भाग का ज्ञान इस दृष्टिकोण से अधूरा है।

भूकम्प से बचाव एवं प्रबन्धन

भूकम्प की घटना पर नियंत्रण मानव के बूते के बाहर हैं। इस दैवीय प्रकोप से बचाव के लिए सुरक्षात्मक उपाए किए जा सकते हैं। जैसे भूकम्प के सम्वेदनशील क्षेत्रों का सीमांकन, मानवीय निर्माणों—मकान, पुल, बांध, कारखाना आदि का भूकम्प सहन क्षमता के आधार पर निर्माण, भूकम्प के समय बचने और गृहों में बाहर निकलने का सुरक्षात्मक उपाय, जन चेतना का विकास और भूकम्प राहत कोष की स्थापना ताकि दैवीय विपत्ति के समय साधन जुटाया जा सके। यहाँ उल्लेख करना समीचीन है कि इस दैवी आपदा से उबरने के लिए जापान, संयुक्त राज्य अमेरिका और चीन विश्व के वैज्ञानिकों को समस्त सहायता देने के लिए तैयार है जो भूकम्प की भविष्यवाणी की विधि बता सकें। सम्भव है कि भविष्य में इस विधि के विकास से मानव समाज के जन धन की सुरक्षा हो सकें।

(ii) ज्वालामुखी क्रिया

ज्वालामुखी क्रिया भी भूकम्प की तरह एक प्रमुख आपदापन्न प्राकृतिक घटना है। ज्वालामुखी विस्फोट के अनेक कारण बताए जाते हैं, जिनमें पृथ्वी तल के अंदर दरारों द्वारा जल का प्रवेश, वलनों का प्रभाव, रेडियो ऐक्टिव कणों की उपस्थिति आदि प्रमुख हैं। ज्वालामुखी क्रिया द्वारा भूगर्भिक संरचना में परिवर्तन सम्भव है।

प्राकृतिक आपदाओं और ज्वालामुखी भी कम घातक संकट नहीं है। सैकड़ों वर्ष शान्त रहने के बाद जब यह उद्गार करता है तो सम्भलने का मौका भी नहीं देता है। अभी हाल में ऐसी दो वारदातें जापान एवं फिलीपीन्स में हुई हैं। इनके द्वारा उद्भेदित लावा, गर्म जल और राख, उर्वर भूमि और अधिवास को श्मशान में बदल देते हैं। ज्वालामुखी से सबसे अधिक प्रभावित क्षेत्र प्रशान्त सागर तटीय क्षेत्र हैं जिसे 'ज्वाला परिधि' (Ring of Fire) के नाम से जाना जाता है। विश्व में कुछ 500 से अधिक जाग्रत ज्वालामुखी हैं। ज्वालामुखी भी ऐसी प्राकृतिक आपदा है जिसका कोई विकल्प मनुष्य के पास नहीं है।

ज्वालामुखी के प्रकार और वितरण–पृथ्वी के गर्भ में जमा गर्म लावा, वाष्प एवं गैसें जब धरातल को तोड़कर बाहर आती हैं तो उसे ज्वालामुखी उद्गार कहते हैं। लावा धरातल की चट्टानों को भी तोड़कर आसमान में उछल जाता है जिसे वोम्ब (Bomb) कहा जाता है। इनसे शंक्वाकार रूप में उद्भेदित सामग्री जमा होकर ज्वालामुखी पहाड़ी की रचना करती है, लेकिन जब धरातल में दरार बन जाती है और उससे लम्बे-चौड़े भू-क्षेत्र पर लावा आदि निकलने लगता है तो उसे दरारी उद्गार कहते हैं। विश्व में पाए जाने वाले ज्वालामुखी तीन प्रकार के होते हैं—(1) सक्रिय अर्थात् जिनसे उद्गार होता रहता है। विश्व में ऐसे 500 से अधिक ज्वालामुखी हैं, (2) प्रसुप्त ज्वालामुखी अर्थात् जिनसे कभी-कभी उद्गार होता है, तथा (3) निष्क्रिय ज्वालामुखी मृतप्राय ज्वालामुखी हैं। उद्गार स्वभाव और सामग्री के आधार पर भी इन्हें वर्गीकृत किया जाता है। जैसे हवाई तुल्य, वैल्केनियन तुल्य, स्ट्राम्बोली तुल्य, पीलियन तुल्य, बिसुविसियन तुल्य आदि।

विश्व में ज्वालामुखी वितरण के तीन क्षेत्र हैं—परिप्रशान्त पेटी, मध्य महाद्वीपीय पेटी और मध्य महासागरीय कटक मेखला। परिप्रशान्त पेटी में विश्व के सर्वाधिक ज्वालामुखी हैं जिनसे निकलने वाला पदार्थ रोशनी बिखेरता है फलतः इस पेटी को ज्वालामेखला कहा जाता है।

ज्वालामुखी का प्रभाव, बचाव एवं प्रबन्धन

ज्वालामुखी से निकला गर्म लावा, जहरीली गैस, जलवाष्प, राख, चट्टान चूर्ण आदि पर्यावरण को प्रदूषित कर जीवन को दूभर बनाते हैं। इनसे निकला द्रवित लावा मानव निर्माण और कृषि भूमि को श्मशान बना देता है। वाष्प बाढ़ लाती है और गैस घुटन पैदा करती है और एक साथ दो दैवीय आपदा धन और जन की अपार क्षति करती है। 1783 में आइसलैण्ड के ज्वालामुखी 10 हजार व्यक्ति, 2 लाख भेड़ें, 28 हजार घोड़े और 11 हजार अन्य पशु काल-कवलित हो गए थे। इसी प्रकार 1902 में पश्चिमी द्वीपसमूह के माउण्ड पीली ज्वालामुखी से 28 हजार मौतें हुईं। 1919 में जापान के केतुल ज्वालामुखी ने 5.5 हजार लोगों को मौत के द्वारा पहुँचा दिया। 1985 में कोलम्बिया का भयानक उद्गार 25 हजार मौतों के लिए जिम्मेदार है।

ज्वालामुखी के कारण विशाल पैमाने पर जीव-जन्तुओं का नाश हो चुका है। जलवायु और मौसम का बदलाव भी उद्गार का परिणाम बताया गया है। विशाल मात्रा में निकली धूल तापमान को घटा देती है। इसी प्रकार गन्धकयुक्त धूल और गैस से अम्ल वर्षा की

सम्भावना बढ़ जाती है। इससे बचने के लिए अनेक उपाय होते रहे हैं जैसे संवेदनशील क्षेत्रों से दूर मानव बसाव, ज्वालामुखी उद्‌गार के समय शीघ्र हटने की सुविधा, ज्वालामुखी उद्‌भेदन का पूर्वानुमान और ऐसी वनस्पतियों का रोपण जिनकी सहन क्षमता पर्याप्त हो। फिर भी आकस्मिक घटना के समय सम्भल पाना कठिन होता है।

(iii) हिमस्खलन

हिम वर्षा बर्फयुक्त विक्षुब्ध बादलों में पर्वतीय भागों में तेज गति से होने वाला मलबे का संचलन अवघात या हिमस्खलन कहलाता है, इसमें तीव्रता भूस्खलन से तीव्र होती है। उच्च पर्वतीय क्षेत्रों में हिमस्खलन के कारण प्रभावित क्षेत्रों में काफी हानि पहुँचती है। लेकिन इस क्रिया का प्रभाव अधिक व्यापक नहीं होता है। हिमस्खलन की क्रिया गुरुत्वाकर्षण के अधीन होती है।

(iv) भूस्खलन

भूस्खलन एक प्रमुख प्राकृतिक आपदा है। इसका प्रभाव पर्वतीय अंचलों में पड़ता है। इस घटना में भूमि का एक भाग टूटकर निम्नतर भागों की ओर खिसकता है। यह क्रिया गुरुत्वाकर्षण द्वारा प्राकृतिक रूप से होती है। यह क्रिया अधिकांशतः पर्वतीय उच्च प्रदेशों में होती है।

जब चट्टानें प्राकृतिक या मानवीय कारणों से चटख जाती हैं तो गुरुत्व बल से धराशायी हो जाती है जिसे भूस्खलन कहा जाता है। ऐसी घटनाएं अधिकतर पहाड़ी क्षेत्र में घटित होती हैं। भूस्खलन के मलवे से गाँव और शहर उजड़ जाते हैं, सड़कें और बाँध टूट जाते हैं तथा विस्तृत क्षेत्र में पारिस्थितिकी में व्यवधान उत्पन्न हो जाते हैं। अनेक नदियों की धारा में भूस्खलन से व्यवधान उत्पन्न हो जाता है, वनस्पतियां विनष्ट हो जाती हैं तथा जीव पलायन कर जाते हैं।

भूस्खलन के लिए प्राकृतिक कारणों में भूकम्प सबसे प्रभावशाली कारक हैं। इसके अतिरिक्त जल रिसाव, उपक्षयजनित चट्टानों, नदी घाटी का कटाव, अति वर्षण तथा हिम -दबाव आदि अन्य कारण हैं। इन कारणों से चट्टानें कमजोर होकर गुरुत्व बल से खिसक जाती हैं। प्राकृतिक कारणों की तुलना में मानवीय कारण कम उत्तरदायी नहीं हैं। सड़क, सेतु, सुरंग, बांध, जलाशय, खान आदि के निर्माण के लिए चट्टानों की तोड़-फोड़ और भौतिक गुणों का आंकलन किए बिना निर्माण आदि भूस्खलन को बढ़ावा देता है। खानों के विकास के लिए बारूद से तोड़-फोड़ भी चट्टानों में दरारें पैदा करता है। कृषि के लिए ढालों का उपयोग भी भूस्खलन को बढ़ावा देता है। ढालों पर वनस्पति विनाश भूस्खलन को गति देने में एक महत्त्वपूर्ण कारक है। हिमालयी क्षेत्र में भूस्खलन के कारण प्रतिवर्ष हजारों मौतें होती हैं और करोड़ों की सम्पत्ति विनष्ट होती है। इस दैवीय विपदा से राहत पाने के लिए यह आवश्यक है कि मानवीय हस्तक्षेप को नियंत्रित किया जाए। निर्माण कार्यों की योजना भूगर्भिक रचना और भौगोलिक परिस्थिति को ध्यान में रखकर बनाई जाए। हिमालयी क्षेत्र में ऐसे अनेक निर्माण कार्य किए गए हैं जिससे भूस्खलन को बढ़ावा मिला है। ढालों पर वनस्पतियों का रोपण और संरक्षण भी एक प्रमुख उपाय है। भारत सरकार इस ओर उन्मुख है। जलप्रवाह का नियंत्रण भी भूस्खलन को कम करने में सहायक होता है।

स्ट्रेहलर के अनुसार, ''पर्वतीय ढाल पर किसी भी चट्टान का गुरुत्वाकर्षण के कारण नीचे की ओर खिसकना भूस्खलन कहलाता है।'' यदि यह खिसकाव मंद गति से हो तो इसे मृदा खिसकाव कहते हैं तथा जब बृहद् स्तर पर बड़े शिलाखण्डों का खिसकाव होता है तो भूस्खलन कहते हैं। ये दो प्रकार का होता है—पहला **चट्टानी खिसकाव**—इसमें चट्टानों का आधारी आवरण बृहद् रूप में खिसकता है, जो भ्रंशों या आवरण तल के रूप में खिसकती है तथा दूसरा **अचानक गिरना**—इसमें ऊपरी उत्तरढाल से एकाएक चट्टानें खिसकती हैं।

पर्वतीय क्षेत्रों में जहाँ तीव्र ढाल पाया जाता है, चट्टानों का विशाल भाग खिसककर एक बड़ी प्राकृतिक आपदा को जन्म देता है। स्विट्जरलैण्ड, नार्वे तथा कनेडियन, रॉकीज पर्वत आदि में गाँवों को तीव्र ढालों वाले क्षेत्रों के तलीय भागों में बनाते हैं, क्योंकि ये ढालू घाटियाँ अक्सर भूस्खलन से प्रभावित रहती हैं। कई बार इन घाटियों में लाखों लोग भूस्खलन से मारे जाते हैं।

सारणी 2 : सर्वोच्च आपदाग्रस्त देश

देश	वार्षिक प्रभावित लोग (मिलियन)	कुल जनसंख्या (मिलियन 1996)	प्रभावित जनसंख्या का प्रतिशत
चीन	99.07	12332.08	8.04
भारत	56.56	10.27.01	5.99
बांग्लादेश	1857.	120.07	15.47
हथियोपिया	4.02	58.24	6.90
फिलीपाइन्स	3.69	69.28	5.33
आस्ट्रेलिया	2.28	18.05	12.63
थाइलैंड	1.67	58.70	2.84
सूडान	1.48	27.29	5.42
मालावी	1.44	9.84	14.63
पाकिस्तान	1.40	139.99	1.00

स्रोत : विश्व आपदा प्रतिवेदन, 1998, अन्तर्राष्ट्रीय रेडक्रास सोसायटी

संयुक्त राज्य अमेरिका (U.S.A.) के अल्बर्टा प्रान्त स्थित टर्टल पर्वत में 1903 में आए भूस्खलन से 35 मिलियन क्यूबिक गज (27 मिलियन क्यूबिक मीटर) आकार में चूना पत्थर का जमाव हुआ, जिसनमें फ्रेंक (Frank) कस्बा मलबे के नीचे दब गया तथा 70 लोग मारे गए। इसी प्रकार 1959 में मोण्टाना प्रान्त में आए तीक्ष्ण (रिएक्टर मापनी पर 7.1

परिमाण) के कारण सम्पूर्ण पर्वतीय क्षेत्र में भूस्खलन हुआ, जिसके परिणामस्वरूप मेडिसन नदी के गार्ज में अवरोह उत्पन्न हुआ, 27 लोग मारे गए तथा एक झील का निर्माण हुआ। इस प्रकार पर्वतीय क्षेत्रों में आने वाले भूकम्पों के उपरान्त इस प्रकार के भूस्खलनों को गति मिलती है। भूस्खलन के द्वितीय रूप में चट्टानी परत खिसकती है। अचानक खिसकाव सामान्यतः वहाँ सक्रिय रहते हैं, यहाँ चिकनी मृदाओं में नमी का सकेन्द्रण रहा है। इस प्रकार का भूस्खलन संयुक्त राज्य अमेरिका के केलिफोर्निया राज्य की सैनफ्राँसिस्को की खाड़ी क्षेत्र में अधिक होता है।

भूस्खलन एक प्रमुख प्राकृतिक आपदा के रूप में जान-माल की हानि के अतिरिक्त पर्यावरण सन्तुलन को भी प्रभावित करते हैं। सन् 1911 में पामीर क्षेत्र में एक 7-8 हजार टन का प्रस्तरखण्ड खिसककर एक नदी के प्रवाह क्षेत्र में जा पहुँचा जिसके कारण सेरेज झील का निर्माण हुआ। यह झील 80 किलोमीटर लम्बी है। भारत के नैनीताल क्षेत्र में 1880 में एक विशाल भूस्खलन हुआ, जिसमें 150 लोग मारे गए। भूस्खलन विभिन्न कारणों से होता है, जिनमें पृथ्वी की आन्तरिक हलचल, भू-स्खलन का बिगड़ना, भूमिगत जल द्वारा कटाव, ज्वालामुखी उद्गार तथा भूकम्प प्रमुख हैं।

दार्जिलिंग की पहाड़ियों में 14 मई, 2005 को प्रातःकाल हुए शृंखलाबद्ध से 14 लोग मारे गए और छह लोग घायल हो गए। वर्षा के चलते सड़कें बन्द होने से बचाव और राहत कार्यों में भाधा रही। गायबाड़ी से 12 और दाखले बस्ती से बचावकर्मियों ने दो शव बरामद किए गए। भारी भूस्खलन के कारण दार्जिलिंग व पूर्वोत्तर पर्वतीय क्षेत्र के कुछ भागों का सम्पर्क देश के बाकी हिस्सों में विभक्त हो गया था।

अगर इसी तरह सतत् भूस्खलन होता रहा तो 75 वर्षों में ये खूबसूरत नगर अपना अस्तित्व खो देगे और उसके आसपास के इलाके मरघट की तरह दिखाई देंगे।

मानवीय गतिविधियों द्वारा प्राकृतिक तन्त्र में विदोहन के कारण वर्तमान में भूस्खलन में तीव्र रिकार्ड दर्ज किया गया है। अतः भूस्खलन केवल प्रकृतिजनित न होकर मानवजनित भी है। प्राकृतिक कारकों में चट्टानों की संरचना, भूमि का ढाल, चट्टानों में वलन एवं भ्रंशन, वर्षा की मात्रा व वनस्पति आवरण प्रमुख हैं जिनके कारण भूस्खलन होता है। वलित पर्वतों में विवर्तनिक घटनाओं के कारण भी भूस्खलन आते हैं। वर्षा जल शैलों में स्नेहक का काम करता है जहाँ शैलों के जोड़ कमजोर होते हैं वहाँ जल अन्दर घुसकर शैल पदार्थों को नीचे खिसका देता है। गुरुत्वाकर्षण इसमें सहयोग करता है। गुरुत्वाकर्षण ढाल के साथ बढ़ जाता है। जहाँ ढाल 45° से अधिक कोण का होता है वहाँ भूस्खलन त्वरित होते हैं। भारत में हिमालय पर्वत व पश्चिमी घाट में कोंकण रेलमार्ग में भूस्खलन अधिक होते हैं। सागर तटीय भागों में एवं नदी के किनारे पर भूस्खलन अपरदन के कारण होते हैं। भूस्खलन केवल प्रकृतिजन्य नहीं है। आज मानव भी इसे गति से दे रहा है। पर्वतीय भागों में तीव्र वनोन्मूलन करके भूस्खलन को और अधिक बढ़ा दिया है। वन विनाश से शैलों की संरचना में परिवर्तन आया

है। यहाँ पहले मृदा अपरदन होता है तथा बाद में यही भूस्खलन के रूप में विकसित हो जाता है। सड़क, रेलमार्ग व सुरंगों के निर्माण तथा खनन के रूप में मानव ने भूस्खलन को गति दी है। पर्वतीय भागों में परिवर्तन मार्गों का निर्माण करने के लिए वनों को काटकर मिट्टी को हटाया जाता है। इन्हीं मार्गों के सहारे वर्षाकाल में शैलों का नीचे की ओर खिसकाव होता रहता है।

भारत में उत्तरांचल के हिमालय पर्वतीय भाग मसूरी-देहरादून मार्ग में भूस्खलन अधिक होते हैं। सिक्किम एवं नीलगिरि में ऐसी आपदाएँ आती हैं। इसी प्रकार भारत में हिमालय पर्वत के अतिरिक्त पश्चिमी घाट भी भूस्खलन क्षेत्र में शामिल हैं।

कोंकण तट पर सागरीय अपरदन के कारण भूस्खलन नदियों के प्रवाह मार्ग भी अवरुद्ध कर देता है, ऐसा ब्रह्मपुत्र एवं समतल नदियों के मार्ग में देखा गया है। इससे नदियों के मार्ग अवरुद्ध होकर झील बन जाती है। जब ये झील भी टूटती हैं तो विनाश करती हैं। सन् 1971 में अलकंनन्दा नदी पर भूस्खलन से एक अस्थायी झील बन गई थी और जब इसका पानी एक किनारे से निकला तो बेलाकुची गाँव पूरा ही बह गया था। 25 जून, 2005 को भारत-चीन सीमा से 35 किमी. दूर तिब्बत में समुद्र की सहायक पारछू में भूस्खलन के कारण विशाल झील बन गई थी तथा वर्तमान में यह जल से भरी है। पारछू झील 210 हेक्टेयर में फैली है तथा इसके किनारे 50 से 75 मीटर ऊँचे हैं। जून 2005 में भारी वर्षा से इस झील में उफान आ गया जिसके कारण हिमाचल की समतल घाटी में तबाही का मंजर बन गया। यहाँ विशेषकर रामपुर तक आठ पुल समतल नदी की उफनती लहरों में बह गए। किन्नौर जिले में लिपो गाँव के बीस घर बाढ़ में बह गए।

भारी वर्षा या ग्लेशियर पिघलने या भूस्खलन से पारछू का जल स्तर बढ़ता है। इससे कभी झील में दरार हो जाती है तो कभी किनारों के ऊपर पामी बहता है। झील के मुहाने पर यदि बड़ी चट्टानें गिरती हैं तोपानी कम वेग से बहेगा। छोटी चट्टानें मुहाने पर जमा होती हैं तो पानी पूरे वेग से भारत की तरफ आएगा। हिमालय में बहने वाली समतल व इसकी सहायक नदियों में पारछू का पानी भर गया।

सारणी 3 : विश्व के प्रमुख भूस्खलन

वर्ष	स्थान	प्रभाव
1880	नैनीताल	150 से अधिक लोग मरे
1911	पामीर क्षेत्र	7-8 टन मलबा खिसका, सेरेज झील का निर्माण
1903	संयुक्त राज्य अमेरिका का अल्बर्ट (प्रांत)	फ्रेंक कस्बा मलबे में दबा, 70 से अधिक लोग मरे

निरन्तर ...

वर्ष	स्थान	प्रभाव
1959	मोण्टाना (USA)	मेडिसन नदी के गार्ज में अवरोध से झील का निर्माण, 20 से अधिक लोग मरे
1971	अकलनंदा (उत्तरांचल)	अस्थायी बाँध का निर्माण, कई गाँव क्षतिग्रस्त
1993	नीलगिरि (तमिलनाडु)	भारी वर्षा के बाद भूस्खलन, 30 से अधिक लोग मरे, सड़कें व मकान क्षतिग्रस्त।
2005	दार्जिलिंग	10 से अधिक लोग मरे, दार्जिलिंग शहर को खतरा
2005	तिब्बत	पारछू नदी का मार्ग अवरुद्ध होकर पानी भरने से पारछू झील बनी तथा समतज के हिमाचल क्षेत्र में बाढ़ की स्थिति।

वायुमण्डलीय आपदाएँ

ये समस्त आपदाएँ जलवायु तथा मौसम सम्बन्धी चरम घटनाओं से सम्बन्धित होती हैं। इनकी उत्पत्ति वायुमण्डलीय प्रकोपों द्वारा होती है। ये दो प्रकार की होती हैं, **प्रथम** दीर्घकालिक आपदाएँ तथा **द्वितीय**, आकस्मिक आपदाएँ। दीर्घकालिक आपदाओं में बाढ़, सूखा, ताप तथा शीत लहर आदि को सम्मिलित किया जाता है, जो संचयी प्रभाव वाले होते हैं। आकस्मिक आपदाओं में उष्ण कटिबन्धीय चक्रवात, तूफान व बादल फटना सम्मिलित हैं। चक्रवातों में निम्न—हरिकेन, टाइफून, टारनेड़ो तथा विली-विली प्रमुख हैं। हरिकेन उत्तरी अटलाण्टिक महासागर विशेषतः कैरेबियन सागर एवं दक्षिणी संयुक्त राज्य अमेरिका में प्रभावशील हैं। टाइफून उत्तरी प्रशान्त महासागर विशेषतः चीन सागर, चीन के पूर्वी तथा दक्षिणी तटीय भाग, जापान तथा फिलीपाइन्स में, बांगलादेश, भारत का पूर्वी तट अरब सागर में चक्रवात तथा आस्ट्रेलिया में विली विली प्रभावशील हैं।

उष्ण कटिबन्धीय चक्रवात अचानक उत्पन्न होकर इतने तीव्र वेग से प्रभावित होते हैं कि समुद्री जल में भी प्रलयंकारी तरंगें उत्पन्न हो जाती हैं। इन तरंगों को तूफानी तरंग या ज्वारीय तरंग कहते हैं। उत्तरी ऑस्ट्रेलिया के डार्विन नगर में सन् 1974 में ट्रेसी चक्रवात के कारण 50 से अधिक व्यक्ति मारे गए। टाइफून से सन् 1881 में 3 लाख से ज्यादा लोग मारे गए।

बादल फटना

वायुमण्डलीय आपदाओं में बादल फटना एक आकस्मिक आपदा है। ''बादल फटने की घटनाएँ अधिकतर पहाड़ों पर ही अधिक होती हैं। वर्षाकाल में ज्यादा बारिश से गर्म हवाएँ ऊपर की ओर उठती हैं जिनमें बहुत नमी होती है। पहाड़ों में कई जगह ऐसे ढाल

हैं जहाँ से हवा तेजी से ऊपर की ओर उठती हैं और काफी ऊपर जाने पर तापमान ठण्डा हो जाता है। ऐसे में बादल अपने भीतर समेटे पानी को सहेज नहीं पाता और बहुत तेजी से नीचे गिरता है।'' विशेषज्ञों का कहना है कि नदियों-नालों के किनारे लोगों को न बसाया जाए और जो बसे हैं उन्हें अन्यत्र भेजा जाए।

सामान्य बारिश में कभी-कभी ऊपर को उठती हवा की लहरों का दबाव पानी को बरसने नहीं देता। पानी हवा की सतह पर जमा होने लगता है। हवा पर रुके हुए पानी की मात्रा समय के साथ-साथ बढ़ने लगती है। हवा के लगातार दबाव के कारण पानी बरस नहीं पाता। जब हवा का ऊपर उठना अचानक बन्द होता है तो पानी मोटी धार के रूप में तेजी से वर्षा होती है। पानी बरसने की तेजी हर 5 इंच प्रति घंटा या इससे अधिक, शुरुआती समय में ही लगभग 2 से 3 सेमी. पानी बरस जाता है।

विगत शताब्दी में बादल फटने से भारी मात्रा में जान-माल की हानि हुई है। बादल फटने से पहाड़ों पर नुकसान अधिक होता है तथा पहाड़ों में मोटी परत के रूप में नीचे की ओर तथा बड़ी तेज रफ्तार में आने के कारण, रिहायशी इलाकों में जन, धन की बड़ी मात्रा में हानि करता है तथा साथ ही अगर बादल ऐसी जगह फटे हों जहाँ से पानी के विकास के लिए पर्याप्त विकास नहीं होता तो वहाँ बाढ़ आती है।

इस प्रकार की वायुमण्डलीय आपदा से अकस्मात जन, धन की हानि के साथ-साथ प्रकृतिक स्थलाकृति में भी परिवर्तन आता है, जैसे—भूमि कटाव, पहाड़ी भागों में स्खलन, प्राकृतिक वनस्पति की हानि, बाढ़ आदि की घटनाएँ होती हैं।

सुनामी लहरें ।

अन्तः सागरीय भूकम्पों द्वारा उत्पन्न लहरों को सुनामी लहर कहा जाता है। सागर तली में अचानक परिवर्तन तथा अव्यवस्था के कारण सागरीय तल में विस्थापन होने से सुनामी लहरों को आविर्भाव होता है। तली में भ्रंशन, अवपातन, अगाध जल तल में भूस्खलन, बर्फ के टुकड़ों का फिसलना, अन्तःसागरीय काल्डरों का निर्माण, गहरे समुद्र में टेक्टोनिक प्लेटों के टकराने आदि से उत्पन्न ऊर्जा समुद्र में ऊँची लहरें उत्पन्न करती हैं। ये लहरें 50 से 100 मीटर ऊँची होती हैं और लगभग 600-800 मील प्रति घंटा की रफ्तार से किनारों पर बढ़ती हैं इन्हें सुनामी लहरें कहते हैं। सामान्यतया सुनामी लहरें प्रशान्त महासागर से आती रहती हैं। परन्तु 26 दिसम्बर 2004 को सुमात्रा, इण्डोनेशिया में आयी प्रलयकारी सुनामी लहरें दक्षिण पूर्वी एशिया के कई प्रमुख देशों मुख्य रूप से श्रीलंका, इण्डोनेशिया, थाईलैण्ड और भारत के समुद्री किनारे पर बसे राज्य तमिलनाडु, पांडीचेरी, आन्ध्र प्रदेश, अंडमान, निकोबार आदि में अत्यधिक तबाही मचाया। इसमें लाखों लोगों के हताहत होने की सूचना है इसके अतिरिक्त विपुल प्राकृतिक संसाधन एवं सम्पत्ति का नुकासन हुआ जिसकी भरपायी करना कठिन चुनौती है।

तूफान और चक्रवात

प्राकृतिक प्रकोपों में तूफान और चक्रवात भी बड़े पैमाने पर जान-माल का नुकसान करते हैं। संयुक्त राज्य अमेरिका का टारनेडो, पश्चिमी द्वीपसमूह का हरीकेन और द.पू.एशिया के टाइफून क्षण में विनाश का ताण्डव उपस्थित करते हैं। भारत में उष्ण चक्रवातों के प्रभाव से उत्पन्न समुद्री तुफान तटवर्ती प्रदेशों में प्रलय का दृश्य उपस्थित कर देता है। 1964 में मिदिनापुर चक्रवात के कारण 80 हजार और मछलीपट्टम चक्रवात के कारण 40 हजार लोग काल-कवलित हुए। इसी प्रकार के भयंकर चक्रवातीय तूफान विश्व के अनेक उष्ण कटिबन्धीय क्षेत्रों में आते रहते हैं और लाखों लोगों की जान ले लेते हैं और अपार सम्पत्ति का नुकसान पहुँचाते हैं। भारत में अधिक तूफान बंगाल की खाड़ी में जन्म लेते हैं और सम्पूर्ण पूर्वी तटीय क्षेत्र में तबाही मचाते रहते हैं।

बांग्लादेश में 1991 में आया समुद्री तूफान एक लाख से अधिक लोगों की जान ले गया, लाखों को बेकार किया और करोड़ों की सम्पत्ति का नुकसान पहुँचाया। इसके कारण बन्दरगाहों का जीवन भी अस्त-व्यस्त हो जाता है। तूफानों को रोकना मनुष्य के बूते के बाहर है, लेकिन इनकी हानियों को कम किया जा सकता है। तूफानों की चेतावनी, तूफानी क्षेत्रों में जनसंख्या का कम बसाव और इनके प्रभाव के क्षेत्र में मकानों, पुलों, सड़कों और संचार के साधनों के उचित निर्माण प्रभावी उपाय हैं। तूफान और चक्रवातों की पूर्व चेतावनी देने के आधुनिकतम साधन विश्व के सभी देशों में स्थापित किए जा रहे हैं। भारत अपने मौसम विज्ञान विभाग के माध्यम से ऐसी सूचनाएं एकत्र कर चेतावनी देने का कार्य करता है। भारत के तटवर्ती क्षेत्रों में रडार केन्द्र स्थापित कर समुद्री तूफानों की चेतावनी दी जाती है। उपग्रहों से प्राप्त चित्र आज ऐसी चेतावनी के प्रमुख आधार बन गए हैं। फिर भी इतने बड़े देश के लिए तूफानों से होने वाली हानि का आकंलन कठिन है। कुछ वर्ष पूर्व सारी चेतावनी के बावजूद आन्ध्र प्रदेश में तूफानी चक्रवात ने लाखों को बेखर कर दिया था और करोड़ों की सम्पत्ति को नुकसान पहुँचाया।

विश्व में तूफानों के कई रूप देखने को मिलते हैं। शीत कटिबन्ध में तूफान ब्लिजार्ड कहलाता है। और तेज झोंके के साथ गहरा हिमपात कर जीवन को अस्त-व्यस्त कर देता है। समशीतोष्ण कटिबन्ध में भी इसका प्रकोप देखा गया है। कनाडा, संयुक्त राज्य अमेरिका, यूरोप और सोवियत संघ में इनके कारण अपार क्षति होती है। जापान और चीन में भी बर्फीली आंधी भयानक होती है। उष्ण और उपोष्ण क्षेत्रों में चक्रवात, हरिकेन, टाइफून और टोरनेडो संहारक रूप ले लेते हैं। इनके कारण समुद्री तूफान भी जन्म लेता है जो तटवर्ती क्षेत्रों में बाढ़ और जलप्लावन कर अपार क्षति पहुँचाता है। चक्रवाती वर्षा कभी-कभी महाप्रलय का रूप ले लेती हैं। 1970 में बांग्लादेश में आए चक्रवातीय तूफान से 3 लाख लोगों की मृत्यु हुई और करोड़ों रुपये की सम्पत्ति तहस-नहस हो गई। 1990 में आन्ध्र प्रदेश में तूफान के कारण एक हजार लोग काल-कवलित हुए और 30 हजार मकान धराशायी हो गए। विश्व में तूफानों का अधिक कुप्रभाव तटीय क्षेत्रों पर पड़ता है। संयुक्त राज्य अमेरिका का प्रशान्त और अटलाण्टिक तट क्रमशः टोरनेडो और हरिकेन के चपेट में आता रहता है। इसी प्रकार मैक्सिको तथा दक्षिणी अमेरिका के देश भी तूफानों से आक्रान्त रहते

हैं। एशिया में जापान, चीन और दक्षिण-पूर्वी एशिया के द्वीप, भारत, बांग्लादेश, म्यामार और अफ्रीकी देश इससे अधिक प्रभावित रहते हैं। 1946 से 1970 के मध्य जापान में 59 टाइफून तूफानों से 14 हजार लोग मारे गए और 6 लाख मकान नष्ट हुए। इसी अवधि में यहाँ 89 भयंकर चक्रवातों का आतंक हुआ जिससे 8 हजार लोग मारे गए और 66 हजार मकान नष्ट हुए। भारत में विनाशकारी चक्रवातों का आगमन कुछ वर्ष के अन्तराल पर होता रहता है। 1990 के आन्ध्रप्रदेश चक्रवात का विनाश अभी सर्वोपरि है। जब 3 लाख लोग बेघर हुए, 600 लोग मारे गए और 90 हजार पशु मारे गए और 100 करोड़ की सम्पत्ति नष्ट हुई थी।

इन तूफानों से बचाव के लिए विकसित देशों में अनेक यन्त्रों से संगृहीत सूचनाओं का प्रयोग किया जा रहा है। उपग्रहों से प्राप्त चित्र, रडार चित्र और ऐसे ही साधनों से प्राप्त सूचनाओं से इनकी भविष्यवाणी और चेतावनी प्रसारित की जाती है। विकासशील देश अभी इन सुविधाओं से वंचित हैं। भारत अपनी उपग्रह प्रणाली से उपयोगी सूचनाएं प्राप्त करता है जो ऐसे तूफानों के आगमन के पूर्व चेतावनी के रूप में प्रसारित की जाती है। रेडियो और दूरदर्शन के प्रचार से यह काम आसान हो गया है। फिर भी इन तूफानों की मार झेलने के लिए तैयार रहना एकमात्र रास्ता है, क्योंकि इनका मार्ग स्थायी नहीं है। कभी-कभी पश्चिमी बंगाल तट की ओर आता तूफान बांग्लादेश की ओर मुड़ जाता है और देखते-देखते ताण्डव का दृश्य उपस्थित कर देता है। भारत में सर्वाधिक तूफान बंगाल की खाड़ी में जन्म लेते हैं बंगाल में इन्हें बैसाखी कहा जाता है।

(2) पृथ्व्येत्तर प्राकृतिक आपदाएँ—पृथ्वी के बाहर से घटित आपदाओं को पृथ्व्येत्तर आपदाएँ कहते हैं, ये क्षुद्रग्रह, मध्यवर्ती गृह तथा पुच्छल तारों की टक्कर के कारण उत्पन्न होती हैं। इनके पृथ्वी की बाहरी वस्तुओं के टक्कर के कारण धूल की ढेर उत्पन्न होती है। महासागरों में ज्वारीय तरंगें उठती हैं, सागर तल में परिवर्तन, जलवायु में परिवर्तन, स्थलाकृतियों में परिवर्तन, ज्वालामुखी क्रिया तथा भूतल पर गर्तों का निर्माण आदि परिवर्तन होते हैं। इस प्रकार की अनेक आपदाएँ प्रकट हो चुकी हैं।

क्रिटेशियस युग के अन्त तथा टर्शियरी युग के प्रारम्भ में आज से लगभग 65 मिलियन वर्ष पूर्व कुछ जन्तुओं का सामान्यतया डायनोसोर का सामूहिक विलोपन पृथ्वी के एक बृहदाकार क्षुद्रग्रह समूह के मध्य टक्कर के कारण हुआ था। कैलिफोर्निया विश्वविद्यालय की बर्कले स्कूल के लुइस अलवारेज तथा वाल्टर अलवारेज ने बताया कि वर्तमान 650 लाख वर्ष पूर्व एक 10 किमी. चौड़े पुच्छल तारे की पृथ्वी से जबर्दस्त भिड़न्त हुई थी, जिसके परिणामस्वरूप अपार धूलराशि उत्पन्न हुई, जिससे वायुमण्डल में धूल का सघन आवरण बन गया तथा कई वर्षों तक अंधकार छाया रहा।

प्राकृतिक आपदाओं के अनेक ऐसे प्राकृतिक कारण भी होते हैं, जो मानवीय क्रियाकलापों से सुदृढ़ रूप लेते हैं। मृदा अपरदन एक महत्त्वपूर्ण प्राकृतिक प्रकोप हैं, जो मानव द्वारा निर्ममतापूर्ण वनोन्मूलन एवं अवैज्ञानिक कृषि कार्यों के उपरान्त उत्पन्न होता है

तथा मृदा अपरदन का बृहद् रूप भूस्खलन से लेता है, जो अप्रत्यक्ष रूप से मानवीय क्रिया-कलापों द्वारा भी सम्बद्ध रहता है।

राजस्थान राज्य के विभिन्न भागों में तीव्र गति से भू-जल का दोहन किया जा रहा है, जिस कारण राज्य में भूकम्प का खतरा बढ़ता जा रहा है। इसी प्रकार खनिजों के खनन, नाभिकीय परीक्षण आदि का भी प्रतिकूल प्रभाव पड़ रहा है। वर्ष 1967 में महाराष्ट्र में कोयना बाँध के कारण कोयना भूकम्प आया, यूनान में 1929 में मरेथान बाँध के कारण तथा सन् 1935 में संयुक्त राज्य अमेरिका में हवर बाँध एवं मीड़ जलाशय के कारण भूकम्प आया था। इस प्रकार प्राकृतिक आपदाओं के यथासम्भव प्रबंधन के द्वारा ही बच जा सकता है।

मानवजनित आपदाएँ

मानव द्वारा प्रकृति का अविवेकपूर्ण तरीके से दोहन करने से मानव जनित आपदाओं का उद्भव होता है। आज प्रकृति में हर कहीं मानव जनित आपदाएँ उत्पन्न हो रही हैं इनमें मानवजनित भूकम्प, बाढ़, सूखा, मरुस्थलीय, मृदा अपरदन, जैव विविधता संकट, हरित गृह प्रभाव, विश्व तापमान में वृद्धि, ओजोन परत में अल्पता, अम्ल वर्षा, जल संकट तथा ऊर्जा संकट आदि प्रमुख हैं। ये आपदाएँ मानव के द्वारा विगत शताब्दी में प्रकृति के साथ किए गए छेड़छाड़ का परिणाम हैं। हमने प्रत्येक क्षेत्र में कहीं-कहीं प्रकृति को असंतुलित किया है तथा इसके प्रभावों की जहाँ भूमध्य रेखा पर तीव्र औद्योगीकरण से निसृत हरित गृह गैसों से विश्वतापन एवं प्रशीतकों के प्रयोग से ओजोन परत कमजोर हो गई है। लगातार तापमान बढ़ने से हिम पिघल रही है जिसके कारण अनेक बड़े शहर एवं द्वीपों के तटीय भाग संकट में है। बढ़ते नगरीयकरण एवं औद्योगीकरण के कारण बड़े शहरों में बढ़ते धूल-धुआँ एवं प्रदूषण के कारण ग्रामीण क्षेत्रों की तुलना में तापमान बढ़ रहा है। जिस कारण बड़े शहरों को उष्मा द्वीप कहा जाने लगा है।

जैविक आपदाएँ

जैविक आपदाओं का सिलसिला काफी लम्बे समय से मानव जीवन प्रभावित करती रही हैं। इनमें टिड्डी दल का आक्रमण, पशुओं की महामारियाँ आदि प्रमुख हैं। जूलीफ्लोरा तथा लैण्टाना जैसी वनस्पतियाँ भी जैव आतंकवादी के रूप में आपदाकारी प्रभाव छोड़ते।

इस प्रकार वैश्विक परिप्रेक्ष्य वर्तमान में प्राकृतिक आपदाओं के साथ ही मानव जनित एवं जैविक आपदाएँ भी मानव सहित सम्पूर्ण जीव-जगत् को प्रभावित करती हैं। यदि मानव प्रकृति का दोहन वर्तमान दर से करता रहा तथा इसे संघृत आधार प्रदान कर प्रबन्धित नहीं करता है तो पृथ्वी पर मानव का अस्तित्व संकटमय बना रहेगा।

□□□

2

प्राकृतिक एवं मानव-निर्मित आपदाएँ

मानव एवं प्रकृति की सामंजस्यता के आधार पर विकासशील देश भय-मुक्त होकर प्रगति के पथ पर अग्रसर हो सकते हैं।

विकास पथ को 'आपदाओं' की संभावनाओं से यथासंभव मुक्त करने की आवश्यकता अब अनिवार्यता बन गई हैं। संयुक्त राष्ट्र संघ की ओर से नियोजित आपदा-प्रबंधन अध्ययन एवं प्रशिक्षण कार्यक्रम इसी दिशा की ओर किये गये प्रयास हैं। 'आपदाओं' के सामाजिक एवं आर्थिक पक्षों का अनादर काफी समय तक नहीं की जा सकती। विकास कार्यक्रमों को योजना बनाते समय इन व्यावहारिक वास्तविकताओं की ओर ध्यान देना मूलभूत तरीके से आवश्यक है।

'आपदाओं को दैवी संकटपूर्ण स्थिति के रूप में स्वीकार किया गया और उनके तात्कालिक उपचार और निदान के प्रयास भी किए गए। स्थायी रूप से 'आपदा-संरक्षण प्रयासों को विकास योजना कार्यक्रम के अनिवार्य एवं अन्तर्निहित तथ्यों के रूप में समन्वित करने की आवश्यकता है। विकास योजनाओं के मूल्यांकन करते समय भी समन्वित आपदाओं की ओर ध्यान देना बहुत जरूरी है। दीर्घकालीन विकास योजना के अन्तर्गत आपदा-प्रबंधन सम्बन्धित अध्ययन कार्यक्रमों को भी समन्वित किया जा सकता है।

प्राकृतिक आपदाओं के प्रकार

आपदाओं को सामान्यः निम्नलिखित पाँच वर्गों में विभाजित किया जा सकता है—

1. जल तथा वायु सम्बन्धी आपदाएँ—इनके अन्तर्गत बाढ़ और निकासी समस्या, सूखा, तूफान, चक्रवात, बादल फटना, गर्म व ठंडी हवायें, समुद्र क्षरण तथा आकाशीय बिजली आदि आते हैं।

2. भूगर्भ सम्बन्ध आपदाएँ—इसके अन्तर्गत भूकम्प, बाँध का फटना तथा खदानों में आग लगने की घटनायें आती हैं।

3. रासायनिक, औद्योगिक तथा नाभकीय आपदाएँ—इनके अन्तर्गत किसी रसायन उद्योग या नाभकीय दुर्घटनाओं से उपजी आपदायें आती हैं।

4. दुर्घटना सम्बन्धी आपदाएँ—रोड व रेल दुर्घटना, नाव या जहाज का डूबना, खदान में पानी भर जाना, रिहायशी मकानों का ढहना, बम विस्फोट, पटाखा कम्पनियों में आग लग जाना, शार्टसर्किट द्वारा आगजनी, वानाग्नि, तेल रिसाव आदि आपदायें इसके अन्तर्गत आती हैं।

5. जैविक आपदाएँ—इसके अन्तर्गत मनुष्यों या पालतू जन्तुओं की महामारियाँ, फसलों या जंगलों में रोग या कीट आक्रमण या भोजन विषाक्तता आदि घटनायें आती हैं।

प्राकृतिक प्रकोपों को जहाँ एक ओर प्रकृति की घटना के रूप में देखा जाता है वहीं इनमें से कुछ का सम्बन्ध मानवीय अनुक्रियाओं से जोड़ा जाता है। उदाहरण के लिए, अधिक या कम वर्षा होना प्राकृतिक घटना है, लेकिन वन विनाश के कारण इसके वितरण और सघनता में अन्त महसूस किया जाने लगा है। इसमें से प्राकृतिक प्रकोप प्रकृति के घटनाचक्र के रूप में आते-जाते रहते हैं। बाढ़, सूखा, चक्रवात, भूकम्प ज्वालामुखी, महामारी आदि संकट इसी प्रकार की घटनाएं हैं। जब मनुष्य इनके आक्रान्त होता है तो ये घटनाएं भौगोलिक अध्ययन का अंग बन जाती हैं, क्योंकि इससे मानवीय अनुक्रियाएं प्रभावित होती हैं। मनुष्य अपने कामों से प्राकृतिक संकटों को जन्म देता है या उन्हें बढ़ाता है जैसे वन काटने से बाढ़, सूखा और भूमिक्षरण का संकट; आदि। स्पष्ट है कि प्राकृतिक तत्वों के साथ छेड़-छाड़ या अपनी आवश्यकता के लिए प्रकृति पर अधिक दबाव प्राकृतिक आपदा का कारण बन जाता है। मानवजनित संकटों का सामाजिक रूप भी होता है जिसमें युद्ध, दंगे, देश विभाजन और औद्योगिक संकट, आदि आते हैं। अतः प्राकृतिक प्रकोपों में कुछ का सम्बन्ध मूलतः प्राकृतिक घटनाचक्रों से होता है जबकि कुछ का मानव जनित क्रियाकलापों से। अतः इन्हें निम्नवत् रेखांकित किया जा सकता है—

1. प्रकृतिजन्य आपदा—प्रकृतिजन्य प्रकोपों में कुछ का सम्बन्ध पृथ्वी के धरातल से और कुछ का सम्बन्ध पृथ्वी को गर्भ की घटनाओं से है। भूकम्प इनमें सबसे अधिक विनाशकारी प्रकोप हैं। ज्वालामुखी और भूस्खलन भी भयानक संकट के कारण बन जाते हैं। प्रकृतिक प्रकोपों में बाढ़, सूखा, चक्रवात, उपलवृष्टि, शीत लहर आदि वायुमण्डल की चरम घटनाएं हैं। इनका प्रकोप भी मानव की व्यवस्था को लुंज-पुंज कर देता है। विश्व में प्रति वर्ष अरबों की सम्पत्ति और लाखों लोग इनकी चपेट में आकर काल कवलित हो जाते हैं। कभी-कभी भूकम्प, चक्रवात और बाढ़ की विनाश लीला के सामने मानव की वैज्ञानिक और तकनीकी उपलब्धियां बौनी बन जाती हैं। विश्व के कुछ देश इनके चलते अपनी गरीबी से उबरने में असमर्थ हो जाते हैं। देखा गया है कि विकासशील देशों में प्राकृतिक प्रकोपों की बारम्बारता अधिक है। यदि विश्व में घटित ऐसे भयंकर प्राकृतिक प्रकोपों का निरीक्षण किया जाए तो पता चलता है कि वर्ष 1960 से 1987 के मध्य ऐसी घटनाओं में (भूकम्प,

चक्रवात, ज्वालामुखी) 4.3 लाख लोगों की मृत्यु हुई और अनुमानतः अरबों डॉलर की सम्पत्ति नष्ट हुई। इस अवधि का सबसे विनाशकारी भूकम्प 1976 में चीन में आया जिससे 2.55 लाख लोग मारे गए और करोड़ों डॉलर की सम्पत्ति नष्ट हो गई। कुछ समय पूर्व महाराष्ट्र के दक्षिणी भाग में आया भूकम्प कम हृदय विदारक नहीं था। भारत बाढ़, सूखा उपलवृष्टि से हमेशा जूझता रहा है। भारत की गरीबी और भुखमरी के लिए प्राकृतिक प्रकोपों की भूमिका अहम बन गई है। यहाँ प्रति वर्ष किसी-न-किसी क्षेत्र में इनके कारण अकाल, भुखमरी और बेहाली का आलम बना रहा है।

मानव की कुछ अनुक्रियाएँ प्रकृति को प्रकोपित करती हैं। फलतः ऐसी घटनाएं प्रकट होती हैं जो स्वभावतः अप्रत्याशित लगती हैं। ऐसी घटनाओं से जब जन-धन की क्षति होती है तो उन्हें मानवजनित प्रकोप कहते हैं। इनमें से कुछ चरम घटनाएं भौतिक तत्वों से सम्बन्धित होती हैं। जिन्हें मानवजनित भौतिक प्रकोप कहते हैं। जैसे—भूस्खलन, मृदा अपरदन, जल प्लावन, सूखा आदि। मानव की सामाजिक कुव्यवस्था से युद्ध, दंगा, महामारी, नाभिकीय दुर्घटना, औद्योगिक दुर्घटना, आतंकवाद और जहरीला रसायन विमोचन मानवता के लिए संकट का कारण बन जाते हैं। आतंकवादी कभी रेल पटरी उड़ा देते हैं तो कभी नहर काटकर जल प्लावन से संकट उत्पन्न करते हैं। इसी प्रकार, नाभिकीय दुर्घटना, विषाक्त रसायनों के विमोचन, आदि से पर्यावरणीय संकट मानवता के लिए अभिशाप बन जाता है। परिवहन दुर्घटना में प्रति वर्ष लोगों की जाने जाती हैं। विश्व की अति तीव्र गति से बढ़ती जनसंख्या कुछ देशों में सुरसा का रूप ग्रहण करती जा रही है जिसे जनसंख्या विस्फोट कहा जाता है। तीव्र जनसंख्या वृद्धि अनेक संकटों को जन्म देती है। साथ ही अधिक जनघनत्व के कारण प्राकृतिक प्रकोपों का प्रभाव भी सघन हो जाता है। एड्स, कैन्सर जैसी बीमारियां भी जैवीय प्रकोपों को चरितार्थ करती हैं। प्रकृतिजन्य और मानवजन्य प्रकोपों से मानवता की अपार क्षति होती है जिनके प्रभावों को कम करना या बचाव का उपाय ढूँढ़ना हमारा कर्त्तव्य है।

'आपदा' सम्बन्धी जानकारी निम्नलिखित तथ्यों को दर्शाती है—

(i) आपदाओं के विकास के फलस्वरूप परिवहन की सुविधाएँ पूर्णतः विनष्ट हो जाती हैं।

(ii) 'आपदा' के पश्चात् पुनर्निर्माण के अवसर मिलते हैं जिनसे विकास कार्यक्रमों को प्रेरणा मिलती है। आपदा के पश्चात् गृह-निर्माण के स्व-चालित कार्यक्रम समुदायों में आत्म सम्मान, परिश्रम, कार्यकुशलता, दक्षता आदि को प्रोत्साहित करते हैं। अन्यथा यह कार्य बड़े पैमाने पर निर्माण कम्पनियों द्वारा पूरे कर लिए जाते हैं। उनमें जनसहयोग प्राप्त नहीं किए जाते।

(iii) विकास कार्यक्रम क्षेत्र विशेष में 'आपदा' की संभावनाओं को अधिक करते हैं। जैसे पशु-पालन व्यवसाय वनस्पति जगत के लिए हानिकारक बन जाते हैं और इनकी अधिकता के कारण अकाल एवं सूखे की सम्भावनाएँ अधिक हो जाती हैं।

(iv) विकास कार्यक्रमों की रूपरेखा आपदा न्यूनीकरण के उद्देश्य से अनुकूलित की जा सकती है। जैसे—गृह-निर्माण कार्यक्रमों में यदि आँधी-तूफान आदि के लिए सुरक्षात्मक उपायों की ओर ध्यान दिया जाए तो विनाश की संभावनाएँ न के बराबर रहेंगी।

विश्वव्यापी स्तर पर योजना निर्माण की भूमिका संयुक्त राष्ट्र संघ एवं गैर-सरकारी संगठनों की सहायता से बनायी जा रही है। जिससे आपदा न्यूनीकरण के प्रयासों को समझा जा सकें।

आपदाएँ विकास कार्यक्रमों को इस प्रकार से बाधित कर सकती हैं—

(i) साधनों का नुकसान।

(ii) कार्यक्रमों में अवरोध उत्पन्न होना।

(iii) पूँजी निवेश के वातावरण पड़ रहें दुष्प्रभाव।

(iv) अनौपचारिक क्षेत्रों में पड़ रहे प्रभाव।

(v) राजनैतिक अस्थिरता।

साधनों का नुकसान

(i) पूँजी, कच्चे माल एवं सम्पत्ति की प्रबल हानि।

(ii) उत्पादन क्षरण के कारण लागत मूल्य की अधिकता।

(iii) आपदा के गौण प्रभावों के रूप में मूल्य-वृद्धि, वेतन व्यय की समस्या आर्थिक कोष में कमी।

(iv) कुशल श्रमशक्ति का क्षतिग्रस्त होना।

(v) आर्थिक स्थिति पर प्रबल प्रभाव, जैसे ऋण भुगतान की अधिकता साधनों की कमी।

कार्यक्रमों में अवरोध उत्पन्न होना

आपदाओं से बाधित विकास कार्यक्रम रुक जाते हैं और उन साधनों का उपयोग अन्य कार्यक्रमों के लिए कर लिए जाते हैं।

पूँजी निवेश में प्रतिकूल प्रभाव

आपदाओं के कारण पूँजी निवेश पर प्रतिकूल प्रभाव पड़ते हैं। सुरक्षा एवं स्थिरता के अभाव में निवेश पूँजी निवेश नहीं करते। इसके अतिरिक्त बेरोजगारी बाजार में मंदी आदि कारणों से सामान्य विकास की दर कम हो जाती है।

अनौपचारिक क्षेत्रों में प्रतिकूल प्रभाव

अनौपचारिक क्षेत्रों में आपदाओं के कारण उत्पन्न प्रतिकूल प्रभाव विशेष रूप से उल्लेखनीय हैं। उत्पादन यंत्रों की क्षति, ग्रहों की क्षति आदि के कारण उत्पन्न अवसादपूर्ण हैं। वातावरण सृजनात्मकता के लिए प्रतिकूल नहीं रहते।

राजनैतिक अस्थिरता

आपदाओं के कारण राजनैतिक दबाव बढ़ जाते हैं। प्रशासनिक सहायताएँ प्रभावित समुदाय के लिए पर्याप्त नहीं रहती। ऐसी स्थिति में सरकार की स्थिरता भी खतरे में पड़ सकती है।

विकास कार्यक्रम : आपदाओं के मूल कारण के रूप में

विकास कार्यक्रम कभी-कभी आपदाओं के प्रत्यक्षतः कारण बन कर रह जाते हैं। पर्यावरणीय उदासीनता प्राकृतिक आपदाओं को नियंत्रित करने में समर्थ होती हैं। जैसे रोजगार के अधिक अवसर प्रदान करने के कार्यक्रम किसी क्षेत्र विशेष में जनाधिक्य का कारण बनते हैं, इससे आवासीय समस्याएँ बनती हैं, आर्थिक दृष्टि से समाज के पिछड़े हुए वर्गों के जनसमुदाय असुरक्षित भू-भागों में रहते हैं और ऐसे स्थानों पर आपदा की संभावनाएँ सदैव बनी रहती हैं। बाढ़ के क्षेत्र अधिकांश परिस्थितियों में जनसंख्या एवं विकास के सघन क्षेत्र ही होते हैं। प्राकृतिक आपदा से बाधित क्षेत्रों में विकास के उद्देश्य से दी जा रही आर्थिक प्रेरणाएँ एवं सुविधाएं जनसमुदायों के लिए आकर्षक बन जाती हैं। राजनीति से प्रेरित विकास कार्यक्रमों की शृंखलाओं में पर्यावरण संरक्षण की उपेक्षा की जाती है और इस कारण प्राकृतिक विपदाएँ अवश्यंभावी बन जाती हैं। प्राकृतिक सुरक्षा तत्त्वों की अवहेलना के अन्य कारण भी हो सकते हैं। कभी-कभी तो प्राकृतिक प्रकोप के कारण बन जाते हैं। जैसे गृह-निर्माण की व्यवस्थाओं के लिए, अस्थायी व्यवस्थाओं के लिए किए जा रहे प्रयास स्वयं प्राकृतिक असंतुलन का कारण बनते हैं।

वर्तमान समय में अन्तर्राष्ट्रीय समुदाय प्राकृतिक आपदाओं के प्रति बखूबी जानकारी रखते हैं। व्यापक स्तर की आपदा स्थानीय प्रशासनों को विकास पथ की ओर अग्रसर करने में, प्रेरणास्रोत के रूप में कार्य करती हैं। विकास की नींव ज्यादातर परिस्थितियों में विनाश के अवशेषों में ही प्रारम्भ हो पाती है। इस प्रकार से विनाश एक प्रकार से वरदान भी बन जाते हैं। विनाश के कारण सम्पूर्ण समुदाय में जागृति की भावना भी आती है। राजनीतिक एवं आर्थिक शक्तियाँ भी अपने मतभेदों को भुलाकर पुनः एकजुट होकर विकास कार्यक्रमों को आगे बढ़ाने में सहायक बनती हैं। इस प्रकार के एकीकृत सामूहिक प्रयासों में किसी भी विकास योजना की सफलता सुनिश्चित की जा सकती है।

आपदाओं के कारण सुरक्षा की दृष्टि से संवेदनशील क्षेत्रों की जानकारी भी मिलती है। इस प्रकार से प्राप्त व्यावहारिक तथ्यों के आधार पर प्रशासनिक प्रबंधन इन क्षेत्रों को

पुनः सुरक्षित बना सकते हैं। सहायता-साधन जुटा रहे संरक्षण समुदाय इन तथ्यों के आधार पर व्यापक स्तर की स्वस्थ विकास योजना बना सकते हैं।

आपदाओं के आधारभूत तत्त्व

प्राकृतिक आपदा से अभिप्राय अतीव संकटपूर्ण परिस्थितियों से हैं। ऐसी संकटजन्य परिस्थितियाँ प्राकृतिक एवं मानव केन्द्रित अथवा दोनों के मिश्रित प्रभाव से उत्पन्न हो सकती है। आपदाग्रस्त मानव समुदाय क्षत-विक्षत समुदाय बन जाता है। विनाश की गति एवं तीव्रता के आधार पर एवं उत्पत्ति के मूलभूत कारणों के आधार पर इन प्राकृतिक आपदाओं को वर्गीकृत किया जाता है।

उपचार तत्काल किया जाना आवश्यक होता हैं। अन्यथा जान-माल दोनों की अपार क्षति हो सकती है। आपदाकालीन परिस्थितियों में बाधित समुदाय की परिस्थितियों से जूझने की शक्ति पर्याप्त नहीं होती, उसे अन्य समुदाय की सहायता लेनी पड़ती हैं।

आपदाकालीन संकटपूर्ण परिस्थितियों में कुछ समय के लिए जीवन अस्त-व्यस्त हो जाता है। लेकिन शीघ्र ही जीवन की सामान्य स्थिति व्यवस्थित की जाती है। यह व्यवस्था अथवा पुनः स्थापना समुदायों की आर्थिक एवं सामाजिक स्वस्थता पर आश्रित रहती है। लेकिन इनके कारण यदि जनजीवन अस्त-व्यस्त हो जाता है तो ऐसी परिस्थिति में इन्हें आपदा की संज्ञा दी जाती है।

आपदाओं के मूल कारण अथवा कारक तत्त्व

आपदाओं की तीव्रता का मापन जान-माल के क्षति के आधार पर की जाती है। अतः जनसंख्या अभिवृद्धि के साथ-साथ विकासशील देशों में क्षति की भी वृद्धि होती हैं। जन्म दर की अधिकता आर्थिक सीमितता एवं साधनों की अपर्याप्तता के कारण क्षति अभिवृद्धि होती है। जनसंख्या की अभिवृद्धि के साथ-साथ भूमि पर दबाव बढ़ते हैं। गृह-निर्माण, कृषि तथा अन्य उद्योगों के लिए भूमि की माँग बढ़ती हैं और इस कारण कम उपजाऊ भूमि पर भी खेती की जाती है, जान-माल दोनों के लिए असुरक्षित क्षेत्रों में जन-निवास की संभावनाएँ बढ़ती जाती हैं। ऐसी परिस्थिति में किसी भी प्रकार की सामान्य आपदाएँ अधिक क्षतिपूर्ण हो जाती हैं।

निर्धनता

आपदा के दुष्प्रभाव निर्धनता के कारण और अधिक प्रभावकारी बन जाते हैं। समृद्ध जनसमुदाय आपदा न्यूनीकरण के उपायों को सुगमता से अपना सकते हैं और शीघ्र ही संकट की स्थिति से मुक्त हो जाते हैं। लेकिन समाज का निर्धन वर्ग इन आघातों से उभर नहीं पाता। वस्तुतः प्राकृति की सभी बाधाएँ जैसे अकाल, सूखा आदि निर्धन जनसमुदायों को ही अधिक प्रभावित करती हैं। धनाभाव के कारण ही समुदायों को अपरिचित एवं असुरक्षित स्थानों में जीवन-यापन के उद्देश्य से जाने की बाध्यता भी रहती है इस प्रकार से विस्थापित समुदाय बन जाते

हैं। जनसंख्या की अभिवृद्धि के साथ-साथ आपदाओं की संख्या में भी अभिवृद्धि होती हैं। जनाधिक्य के साथ-साथ समस्याएँ एवं आपदाएँ दोनों बढ़ती जाती हैं। सीमित साधनों के असीमित उपयोग की समस्याएँ सामाजिक संघर्षों को जन्म देती हैं। विकासशील देशों में इस प्रकार के संघर्षों की संभावनाएँ दिन-प्रतिदिन अभिवृद्धि होती जाती हैं।

नगरीकरण की तीव्र गति

जनसंख्या की अभिवृद्धि के साथ-साथ शहरों में जनाधिक्य की स्थिति अनुभव की जाती है। विकासशील देशों के घरों में जनसंख्या के दबाव अधिक तीव्रता से अनुभव किए जाते हैं। साधनों की सीमितता एक बार पुनः जनसंख्या के निर्धन वर्ग को अधिक प्रभावित करती हैं। बाढ़ एवं सूखे के प्रभाव समाज के निर्धन वर्ग पर अधिक होते हैं। असुरक्षित क्षेत्रों के निवास भी समाज के वंचित वर्ग ही होते हैं। किसी भी प्राकृतिक आपदा के प्रभाव सबसे पहले एवं सबसे अधिक इन्हीं समुदायों को प्रभावित करते हैं।

भूस्खलन

भूगर्भीय घटनाओं में भूस्खलन की घटनाएँ व्यापक स्तर की हैं। ये स्खलन अनेक प्रकार के हो सकते हैं। जैसे चट्टानों के गिरने अथवा खिसकने के कारण उत्पन्न स्थिति, जल-प्रवाह के प्रभाव से निर्मित स्खलन आदि। भूमि के कटाव, चट्टानों के खिसकने से भूस्खलन की स्थिति उत्पन्न होती है। भूमि में प्राकृतिक क्रियाएँ मानवीय कारणों से उत्पन्न परिवर्तन, जल-प्रवाह में परिवर्तन के कारण भूस्खलन होते हैं। अन्य प्राकृतिक शक्तियाँ जैसे तूफान, भूकंप के कारण भी चट्टाने खिसकती हैं।

भूमि संरचना, आर्द्रता विज्ञान, मौसम विज्ञान एवं भूविज्ञान के आधार पर संवेदन क्षेत्रों में भूस्खलन की पूर्व-सूचना, आवृत्ति, तीव्रता आदि की जानकारी प्राप्त की जा सकती हैं।

आपदा प्रभावों के आच्छादन में सक्रिय तत्व

(i) संवेदनशील क्षेत्रों में जनसंख्या की सघनता एवं विपुलता।

(ii) नदी-घाटियों एवं पहाड़ी-ढलाऊ भूमि की बसावट।

(iii) सड़क, यातायात एवं संचार व्यवस्थाएँ।

(iv) भूमिगत पाइप-लाइन विशेष रूप से क्षारित नलिकाएँ

प्रतिकूल प्रभाव

(i) भूस्खलन के पथ पर स्थित निर्माण विनष्ट हो जाते हैं। कृषि-भूमि, वन-भूमि आदि भी अप्रत्यक्ष रूप से प्रभावित होते हैं।

(ii) भूस्खलन के कारण चट्टानों से दबकर मरने वालों की संख्या भयंकर रूप धारण कर लेती हैं। विशेष रूप से ढलाव-पूर्ण मार्गों पर दुर्घटनाएँ और अधिक हो जाती हैं।

उपाय

(i) संवेदनशील क्षेत्रों के मानचित्र निर्माण के कार्यक्रम।

(ii) भूमि प्रयोगों की व्यवस्था सम्बन्धित नियमन (सुरक्षा तत्त्वों के आधार पर)।

(iii) सामुदायिक शिक्षा।

(iv) पूर्व सुरक्षा एवं संकट के समय निष्क्रमण की व्यवस्था।

आपदा के पश्चात् की आवश्यक प्रतिनिधि सुविधाएँ

(i) भूमि में दबे हुए व्यक्तियों की खोज एवं सुरक्षित स्थान पर ले जाने के कार्यक्रम।

(ii) चिकित्सा सन्दर्भित सुविधाएँ।

(iii) आवासीय सुविधाएँ।

प्रभाव मूल्यांकन प्रभाव—क्षति मूल्यांकन पर्यन्त की व्यवस्था।

उष्ण कटिबंधीय चक्रवात

उष्णता एवं नमी (आर्द्रता) मिलाकर समुद्र सतह पर (उष्ण कटिबंधीय क्षेत्रों में) कम दबाव के क्षेत्र बनाते हैं। यहाँ जल का तापमान 26 डिग्री सेण्टीग्रेट से अधिक होता है। इन क्षेत्रों में वायु प्रवाह केन्द्र की ओर अधिक तीव्र गति के होते हैं। व्यापारिक-वायु-प्रवाहों से प्रभावित होकर वे चक्रवात का रूप ले लेते हैं। कम दबाव के क्षेत्र से प्रारम्भ होकर चक्रवात् 117 किलोमीटर प्रति घंटे की दर से आगे बढ़ते हैं।

चक्रवातों की पूर्व सूचना मिल सकती है लेकिन उनके दिशा-प्रवाह पूर्ण रूप से अनुमानित नहीं हो पाते, उनमें परिवर्तन की सम्भावनाएँ रहती हैं।

आपदा प्रभावों के आच्छादन में सक्रिय तत्व

(i) निचले स्तर के तटीय क्षेत्रों में रहने वाले जनसमुदाय (प्रत्यक्ष प्रभाव)।

(ii) निकटवर्ती क्षेत्रों की जनसंख्या (अधिक वर्षा एवं बाढ़ के प्रभाव)। पूर्व सूचना के अभाव।

(iii) संरचनात्मक घटक जैसे मछली पकड़ने की नौकाएँ अथवा जलवर्ती क्षेत्रों के उद्योग।

प्रतिकूल प्रभाव

भौतिक क्षति-तेज हवा, पानी, तूफान आदि से विनष्ट इमारतें।

जन-हानि एवं सामान्य जन-जीवन के स्वास्थ्य पर होने वाले दुष्प्रभाव।

जल-प्रदूषण के कारण उत्पन्न परिस्थितियाँ।

संचार-साधनों की अपार क्षति एवं सम्भरण व्यवस्थाओं की अस्त-व्यस्तता।

(i) क्षति मूल्यांकन एवं मानचित्रों के मापन भूमि के उपयोग की व्यवस्थाएँ एवं नियमन।

(ii) इमारतों में सुरक्षात्मक उपायों की समन्विति।

(iii) वनीकरण के प्रभाव में 'हरित-कवच' की प्राप्ति।

(iv) जन-सामान्य को सूचना देने की व्यवस्था।

(v) आपदाकालीन स्थिति में 'निष्क्रमण' अथवा बचाव की व्यवस्था।

आपदा के पश्चात् की आवश्यक प्रतिनिधि सुविधाएँ

संकट की स्थिति में आपदा से बाधित क्षेत्रों में निष्क्रमण की व्यवस्था, आपदाग्रस्त लोगों की खोज एवं उन्हें सुरक्षित स्थानों तक पहुँचाने की व्यवस्था, चिकित्सा-सम्बन्धी सुविधाएँ, जल-प्रदूषण की व्यवस्था, समुदायों के पुनर्निर्माण की व्यवस्थाएँ, कृषि कार्यों के लिए बीच आदि की व्यवस्था।

प्रभाव मूल्यांकन उपाय

क्षति मूल्यांकन प्रपत्र एवं हवाई निरीक्षण कार्यक्रम।

बाढ़

बाढ़ प्राकृतिक प्रकोपों में सबसे अधिक विश्वव्यापी है। यदि जल प्लावन ऐसे क्षेत्र में होता है जहाँ सामान्य पानी नहीं रहता है तो उसे बाढ़ कहते हैं। उदाहरणार्थ, जब वर्षा का जल अपने प्रवाह मार्ग (नदी, नाला) से न बहकर आस-पास के क्षेत्रों पर फैल जाता है तो उसे बाढ़ कहा जाता है। प्रवाह मार्ग के अभाव में जब वर्षा जल किसी स्थान पर रूक जाता है तो उसे जल पलवन (Inundation) कहा जाता है। एक आँकलन के अनुसार, विश्व की नदियों का बाढ़ क्षेत्र केवल 3.5% है जबकि वे लगभग 19.5% जनसंख्या को प्रभावित करती हैं। पहले ऐसे बाढ़ क्षेत्रों में बहुत कम आबादी थी, लेकिन आज अनेकानेक कारणों से बाढ़ क्षेत्रों में भी मानव रहने के लिए विवश है। साथ ही नगरों का विस्तार भी ऐसे क्षेत्रों में होता चला जा रहा है। भारत में ऐसे अनेक नगर हैं जिनका एक बड़ा भाग प्रति वर्ष नदी की बाढ़ से प्रभावित होता है। ऐसी ही स्थिति जल प्लावन की है। प्रति वर्ष जल प्लावन और बाढ़ से भारत में करोड़ों रुपए की सम्पत्ति, हजारों मानव और लाखों जीव-जन्तु कालकवलित होते हैं। हाल के वर्षों में यह विनाश बढ़ता ही जा रहा है। भारत का मध्यवर्ती और पूर्वी भाग इस विनाश से इतना आक्रान्त है कि प्रगति की गति धीमी हो गई है।

बाढ़ सामान्यतया एक प्राकृतिक घटना है, लेकिन जब यह दुर्घटना के रूप में प्रकट होती है तो इसके कारण और निवारण पर विचार करना आवश्यक हो जाता है। बाढ़ के कारण विश्व के सभी क्षेत्रों में समान नहीं है। कहीं कोई कारण अधिक प्रबल है तो कहीं अन्य। बाढ़

एक मानवजन्य संकट भी है। सामान्य रूप से देखा जाए तो कुछ कारण अतिव्यापक नजर आते हैं जैसे वनस्पति विनाश से धरातल का बंजर होना। बंजर धरती वर्षा के जल को बिना रोके अपवाहित होने देती है जिससे उसके साथ लगातार निपेक्षित होने वाला मलवा नदी तल को ऊँचा कर देता है। नदी की अपवाह क्षमता में ह्रास के कारण जल फैल जाता है। जिससे बाढ़ का प्रकोप बढ़ जाता है। अनेक उद्देश्यों से वर्षा जल के निकास को अवरुद्ध कर दिया जाता है जिससे वर्षा का जल फैलकर बाढ़ को जन्म देता है। अतः बाढ़ के निम्नवत् कारण हैं।—

1. वनस्पति विनाश।
2. वर्षा की अनिश्चितता।
3. नदी तल पर अधिक मलवा का जमाव।
4. नदी की धारा में परिवर्तन।
5. नदी मार्ग में मानव निर्मित व्यवधान।
6. तटबन्ध और तटीय अधिवास।

वनस्पति विनाश से अधिक बाढ़ की अवधारणा अब पुष्ट होती जा रही है। वनस्पतिविहीन धरातल वर्षा जल को नियन्त्रित करने में असमर्थ होती है, फलतः तीव्र बहाव के कारण भूमिक्षरण भी बढ़ जाता है। अपनी बढ़ती आवश्यकता और पौधों के प्रति अनुदार व्यवहार के कारण विश्व के सभी विकसित और विकासशील देशों में तेजी से वन विनाश हुआ है। भारत आज तीव्र संकट के कगार पर खड़ा है, क्योंकि कुछ क्षेत्रों में 10 प्रतिशत भूक्षेत्र से कम भूमि पर प्राकृतिक वनस्पति का विस्तार बच गया है। हिमालय का वनस्पितविहीन होना उत्तरी भाग में बाढ़ के प्रकोपों का सबसे बड़ा कारण है क्योंकि अधिकांश नदियां यहीं से निकलती हैं। अधिक ढाल के कारण हिमालय क्षेत्र का वर्षा जल तेजी से नदियों में पहुँचता है जिसे प्रवाहित करना उनके लिए कठिन हो जाता है।

वर्षा की अनिश्चितता भी बाढ़ का कारण है। अनेक शुष्क एवं अर्द्ध-शुष्क भागों में वर्षा कम होने से अपवाह मार्ग अवरुद्ध हो जाते हैं और जब अधिक वर्षा हो जाती है तो उसका निकास कठिन हो जाता है। राजस्थान में आने वाली बाढ़ इसी प्रकार की है जिससे अपार क्षति होती है। पर्यावरण परिवर्तन के रूप में वर्षा की अनिश्चितता सर्वज्ञात है।

नदियों के अपरदन, परिवहन और निक्षेपण की एक प्राकृतिक अवस्था है। नदी अपनी सामान्य प्रक्रिया में जितना काटती है उसे ढोती जाती है, लेकिन जब धरातल बंजर हो, धारा में भूस्खलन से अधिक मलवा आ जाए या मानवीय कारणों से नदी का बोझ बढ़ जाए या ढोने की क्षमता घट जाय तो अधिक मलवा तल पर जमा हो जाता है जो नदी की अपवाह क्षमता को घटा देता है। फलतः थोड़ी भी अधिक वर्षा होने पर नदी जल फैलकर बाढ़ उत्पन्न करता है। उत्तर भारत की लगभग सभी नदियाँ बाढ़ से प्रभावित है।

धरातल में कम ढाल और वर्षा काल में जब दबाव के कारण पहले नदी सर्पाकार बहती है और बाढ़ में धारा परिवर्तन कर लेती है। ऐसी दशा में बाढ़ की घटनाएँ बढ़ जाती हैं,

क्योंकि सर्पाकार नदी की बहाव क्षमता घट जाती है। जिससे जल बाढ़ क्षेत्र में फैल जाता है और जब धारा परिवर्तन होता है विस्तृत क्षेत्र बाढ़ की चपेट में आ जाता है। जल प्लावन में वर्षा के जल का निकास न होने के कारण विस्तृत क्षेत्र से भरा रहता है और फसलों को नुकसान पहुँचाता है।

विविध उपयोगों के कारण नदी धारा में व्यवधान आज सभी नदियों के सन्दर्भ में देखा जा सकता है। रेल और सड़क, जलाशय बांध, कीड़ा-केन्द्र, बिजली घर, आदि के कारण नदी का स्वाभाविक अपवाह बाधित हुआ है। छोटे नालों में कृषि, आदि के कारण बाधा खड़ी की गई है। इन अवरोधों के कारण बाढ़ का प्रकोप तेजी से बढ़ा है। प्रति वर्ष वर्षा काल में मालूम पड़ता हैं कि अमुक क्षेत्र में हजारों हेक्टेयर फसल बरबाद हो गई, कई हजार लोग बेघर हो गए और तथा लाखों मवेशियों और अन्य जीवों का विनाश हुआ।

बाढ़ रोकने के लिए बनाए गए तटबन्ध बाढ़ के कारण बनते जा रहे हैं, क्योंकि इससे इस क्षेत्र या एक स्थान पर बाढ़ से राहत मिल जाती है, लेकिन अन्य क्षेत्रों को इसका कष्ट भुगतना पड़ता है। वास्तव में तटबन्ध एक प्रकार से प्रवाह में अवरोध उत्पन्न करते हैं। स्पष्ट है कि बाढ़ को जितना कम किया जाना चाहिए उससे बहुत कम सफलता मिल पा रही है, क्योंकि पर्यारवण से मानवीय छेड़-छाड़ बदलाव ला रहा है। बाढ़ की विभीषिका के कारण भारत के कुछ क्षेत्र गरीबी से उबरने में असफल हैं। उत्तर-पूर्वी भारत इसका सबसे बड़ा उदाहरण है।

भारत में प्रति वर्ष लगभग 40 करोड़ हेक्टेयर भूमि एवं 30 करोड़ व्यक्ति बाढ़ से प्रभावित होते हैं तथा अरबों की सम्पत्ति नष्ट होती है।इस क्षति को पूरा करने के लिए सरकारी खजाने और बाढ़ पीड़ितों पर दिनों दिन दबाव बढ़ता जा रहा है। इस प्रकार लगभग एक प्रतिशत कुल राष्ट्रीय आय का नुकसान बाढ़ से होता है। बाढ़ से अधिक प्रभावित क्षेत्रों में जनजीवन में सुधार एक कठिन समस्या है। बाड़ से न केवल फसलों का नुकसान होता है अपितु गृह, मवेशी, यातायात के साधनों को प्रभावित कर जीवन को संकटमय बना देती है। बाढ़ की विभीषिका को कम करने के उपाय अभी अप्रभावी हैं, क्योंकि अभी छिटपुट छोटी योजनाओं पर ही ध्यान दिया गया है। दूरगामी योजनों पर मात्र विचार-विमर्श होता रहा है, जिसके फलस्वरूप प्रति वर्ष बाढ़ की क्षतिपूर्ति के लिए करोड़ों रुपए सरकारी खजाने से तकाबी सहायता के रूप में बाँटा जाता रहा है। बाढ़ की विभीषिका को कम करने के लिए वृक्षारोपण प्राकृतिक उपाय है जिस पर बहुत कम ध्यान दिया गया है। साथ ही नदियों के तल की सफाई, नालों का उद्धार, बाढ़ क्षेत्र में बस्तियों के तल का उठाव, आदि बाढ़ से बचाव के साधन हो सकते हैं। भारत में बाढ़ से सबसे अधिक क्षति बिहार और उत्तर प्रदेश में होती है।

हाल के वर्षों में बाढ़ का प्रकोप बढ़ रहा है। इसके दो कारण हैं। पहला यह कि बाढ़ की घटना बढ़ोत्तरी पर है, क्योंकि वर्षा का कालिक और स्थानिक वितरण में मौसमी-व्यक्तिक्रम बढ़ रहा है तथा दूसरा कारण बाढ़ प्रभावित क्षेत्रों में जनसंख्या प्रसार है जिससे बाढ़ के प्रकोप का मूल्यांकन बढ़ गया है। वर्ष 1953 से 1975 के मध्य बाढ़ से होने वाली

क्षति का अनुमान लगाया गया है जिसके अनुसार औसतन 74 लाख हेक्टेयर भूमि प्रति वर्ष प्रभावित होती है जिसमें से 31 लाख हेक्टेयर भूमि बोई गई होती है। औसतन 8 लाख मकान और 50 हजार पालतू पशुओं का नुकासन होता है। मरने वालों की औसत संख्या 742 आंकी गई है और फसल नुकासन 2 अरब रुपए से अधिक आंका गया है। कभी-कभी एक साल में यह नुकसान कहीं और अधिक होता है। इस क्षतिपूर्ति के लिए सरकार को भारी रकम खर्च करनी पड़ती है। उत्तर भारत की नदियां विशेषकर उत्तर प्रदेश और बिहार में प्रायः बाढ़ का ताण्डव करने लगी हैं। वर्षा काल शुरु होते ही बाढ़ बचाव कार्य में प्रशासन जुट जाता है और वर्षा काल समाप्त होने पर ही राहत की सांस लेता है। स्वतन्त्रता के बाद इससे निबटने के लिए भारत सरकार की योजनाएं चलती रही हैं, लेकिन बाढ़ से उबरने का कोई उचित उल्लेखनीय योजना सामने नहीं आयी है। इसके विपरीत, बाढ़ से होने वाली क्षति बढ़ती रही है।

बाढ़ नियन्त्रण व प्रबन्धन–बाढ़ की विभीषिका से बचने के लिए अनेक उपाय काम में लाए जाते हैं जैसे ढालू भूमि पर वृक्षारोपण, नदी तटबन्धों का निर्माण, आवासीय स्थलों को ऊँचा करना, जल निकासी का प्रबन्ध, बांधों और जलाशयों का निर्माण, बाढ़ आगमन की चेतावनी और अन्य सुरक्षा कार्य। लेकिन यह सत्य है कि भारत के बाढ़ग्रस्त क्षेत्रों की नदियां जल जमाव, मोड़ और मार्ग संकुचन से आक्रान्त हैं। फलतः इनमें अधिक जल आ जाने से बाढ़ का आना स्वाभाविक है। बाढ़ को कम करने के लिए यह आवश्यक है कि इनकी प्रवाह क्षमता में विकास किया जाय।

बाढ़ नियंत्रण के लिए दो तरह के उपाय किए जाते हैं—

(i) संरचनात्मक–संरचनात्मक उपायों के अन्तर्गत बांध बनाना, तटबन्ध बनाना, नदियों के मार्ग को गहरा करना तथा बाढ़ से राहत हेतु नालियों का निर्माण करना आता है। बाढ़ के मैदानों को काल प्रखण्डों में बाँटकर उनका नियोजन करते हैं जैसे प्रति वर्ष, प्रति पाँचवें वर्ष, प्रति बीस वर्ष वाले बाढ़ के क्षेत्र आदि। इसे बाढ़ क्षेत्र नियोजक विधि कहते हैं।

(ii) व्यवहारजन्य–बाढ़ विपदा से मनुष्य को जूझना ही पड़ता है तथा हानि को स्वीकार करना पड़ता है, क्योंकि यह एक प्राकृतिक संकट है। यह संकट मानव-जन्य भी है। इससे निपटने के लिए आर्थिक सहायता देना, बाढ़-बीमा करना, बाढ़ का पूर्वानुमान कराना आवश्यक होता है।

प्राकृतिक रूप से उत्पन्न बाढ़ की स्थिति नदी में बाढ़ अथवा अति वर्षा के कारण होती हैं। मानव निर्मित बाढ़ की स्थिति जल-नियंत्रण एवं नियमन कार्यक्रमों से उत्पन्न होती हैं। आकस्मिक बाढ़ बाँध टूटने से अथवा पहाड़ी इलाकों में बर्फ के पिघलने से ऐसी स्थिति उत्पन्न हो सकती है। नदियों कारण उत्पन्न बाढ़ बरसात के मौसम में नदी जल-स्तर के बढ़ जाने से तटीय क्षेत्रों में बाढ़ की स्थिति बन जाती हैं।

तटीय क्षेत्रों में बाढ़ की स्थिति स्थानीय चक्रवात, सुनामी लहरों के कारण भी हो सकती है।

बाढ़ की सूचना अधिकतर मौसम के आधार पर दी जाती है। जल निकास की क्षमता, बाढ़ की स्थिति के चित्रांकन एवं निरीक्षण कार्यक्रमों के आधार पर विश्वसनीय सूचनाएँ प्राप्त की जा सकती है। लेकिन इस प्रकार की सूचनाएँ आकस्मिक बाढ़ अथवा सुनामी लहरों के सन्दर्भ में केवल कुछ क्षणों के पूर्व ही प्राप्त की जाती हैं।

आपदा प्रभावों के आच्छादन में सक्रिय तत्व

(i) बाढ़ की 'आपदा' से आशंकित क्षेत्रों में जनसंख्या की सघनता।

(ii) बाढ़ के विनाश से अपरिचितता।

(iii) असुरक्षित निर्माण, असुरक्षित फसल एवं पशु-धन।

(iv) मछली पकड़ने के काम आने वाली नौकाएँ एवं अन्य प्रकार के तटीय उद्योग।

प्रतिकूल प्रभाव

(i) बाढ़ से प्रभावित इमारतें क्षतिग्रस्त हो जाती हैं। पानी भर जाने से चट्टानें खिसकने लगती हैं। घाटियों में एवं खुले स्थानों पर क्षति अधिक होती है।

(ii) मलेरिया, अतिसार जैसे संक्रमण रोगों की संभावनाएँ प्रदूषित वातावरण के कारण अधिक हो जाती है।

(iii) पेयजल की अपर्याप्तता समुदायों के लिए समस्याएँ बन जाती है।

(iv) बाढ़ के कारण खड़ी फसल नष्ट हो जाती है। पशु, खेतो के औजार, बीज आदि भी विनष्ट हो जाते हैं।

उपाय

(i) बाढ़ नियंत्रण कार्यक्रम जैसे बाँध निर्माण, जल-निकास की व्यवस्था भू-क्षति को रोकने के लिए उपाय आपदा प्रभावों को कम कर सकते हैं।

(ii) समुदायों में आपदा के प्रति जागरण अभिवृद्धि करने के लिए प्रशिक्षण कार्यक्रम।

(iii) बाढ़-प्रबंधन के लिए नियोजित व्यापक स्तर की योजना। आपदा के पश्चात् की आवश्यक सुविधाएँ।

प्रभाव मूल्यांकन उपाय

क्षति निरीक्षण प्रपत्र एवं हवाई निरीक्षण।

सूखा

इसका प्रमुख कारण वर्षा का पूर्ण अभाव होना है। 'एलनिनों' (भूतल के जल की साधारण से कुछ अधिक ताप युक्त जल की प्रशान्त महासागर के ठंडे जल में प्रविष्टि दक्षिण

अमेरिका में) मानव निर्मित परिवर्तन-समुद्र जल के तापमान में वृद्धि, हरित गृह प्रभाव एवं प्रदूषित वातावरण है।

कृषि भूमि में सूखे के प्रभाव मानवीय कारणों से भी बनते हैं। सिंचाई की त्रुटिपूर्ण प्रणालियाँ, वर्षा के पानी को उपयोग में लाने की रीति एवं कृषकों के असहयोग इन कारणों में से कुछ प्रमुख कारण हैं। सामान्यतः शुष्कता मौसम की सामान्य प्रवृत्ति है। इस कारण सूखे की पूर्व सूचना देने से पूर्व वर्षा की मात्रा, आद्रता की मात्रा आदि के विषय में आवश्यक जानकारी प्राप्त करने की आवश्यकता रहती है। इन सूचनाओं की विश्वसनीयता के आधार पर सूखे का सही पूर्वानुमान संभव हो सकता है।

एक अनुमान के अनुसार वर्तमान विश्व में प्रतिवर्ष औसतन 1 करोड़ पच्चीस लाख मनुष्य सूखे से प्रभावित होते हैं। 1982 से 1984 की अवधि में 24 देशों के लगभग 15 करोड़ व्यक्ति सूखा के कारण भुखमरी के शिकार हुए। अकाल के कारण 1985 तक 1 करोड़ लोगों को अपना घरबार छोड़ना पड़ा था। 1992-93 में अनावृष्टि से देश में 10 लाख वर्ग किमी से कुछ अधिक क्षेत्र प्रभावित हुआ था। वर्ष 2002 में सूखे के कारण उत्तर प्रदेश, राजस्थान, हरियाणा, दिल्ली, कर्नाटक, केरल, नागालैण्ड और उड़ीसा में स्थिति अत्यधिक गम्भीर हो गयी थी। उत्तर प्रदेश के सभी 70 जिलों को सुखाग्रस्त घोषित कर दिया गया था।

यदि बाढ़ वर्षा आधिक्य का परिणाम है तो सूखा वर्षा की कमी का। जल की प्राप्ति प्रधानतः वर्षा से होती है। वर्षा जल वायुमण्डल तथा मृदा की नमी एवं धरातलीय जल स्त्रोतों को बनाए रखता है। जिससे जैव जगत की आवश्यकता की आपूर्ति होती है। वर्षा न होने से सूखा की स्थिति प्रकट होती है जिससे वनस्पतियाँ सूख जाती है और प्राणियों के लिए पेय जल की कमी हो जाती है और यह स्थिति भीषण अकाल का कारण बन जाती है। अकाल का सम्बन्ध पर्यावरण से है, क्योंकि जब तक जल चक्र सामान्य होगा ऐसी स्थिति प्रकट नहीं होती है, लेकिन पर्यावरण में गतिरोध के कारण, विशेषरूप से वायुमण्डलीय अवक्रमण से जल चक्र बाधित होता है जिससे वर्षा कम होती है या लम्बे अन्तराल के बाद वर्षा होती है। ऐसी स्थिति के लिए वन विनाश को प्रधान कारण बताया जाता है। इसके अतिरिक्त वायुमण्डल में दूषित गैसों का जमघट भी एक प्रमुख कारण है। हाल के वर्षों में अवर्षण की व्यापक घटनाएँ विश्व के अनेक क्षेत्रों में देखी गई हैं। विश्व के मौसमी वर्षा वाले क्षेत्र में अवर्षण की घटना सबसे अधिक भयावह होती है। हाल में इथियोपिया में अवर्षण के कारण पड़ा भीषण अकाल लाखों मनुष्यों और करोड़ों पशुओं को कालकवलित कर चुका है। भारत में यह घटना देश के किसी-न-किसी भाग में प्रति वर्ष घटित होती है। इस समस्या में जूझने के लिए सिंचाई की व्यवस्था एकमात्र कारगर उपाय है लेकिन सभी क्षेत्रों में इसका विकास सम्भव नहीं है। भारत कृषि प्रधान देश होते हुए भी सूखा के कारण प्रति वर्ष किसी-न-किसी कृषि उत्पादन का आयात करना रहता है। सूखा एक ऐसी दैवीय आपदा है जो मानव सहित अनेक जीवों को स्थान परिवर्तन के लिए बाध्य करती है। सूखा के प्रमुख कारणों में वन विनाश, तापमान का व्यतिक्रम, अधिक पशुचरण, वायुमण्डलीय प्रदूषण, परिवर्तनशील कृषि आदि विशेष उल्लेखनीय हैं। इसके निवारण के लिए पर्यावरण

संतुलन और सिंचाई का विकास आवश्यक है। वर्षा आधारित कृषि इससे चौपट हो जाती है।

सूखे का प्रभाव–सूखे का सर्वाधिक प्रभाव जीव जन्तुओं व पौधों पर पड़ता है। दीर्घकालिक सूखे के कारण पारिस्थितिकी तंत्र एक जैविक घटकों में पौधों व जन्तुओं की कुछ जातियाँ समाप्त हो जाती हैं, क्योंकि वे कठोर सूखे को लम्बे समय तक नहीं सहन कर पाती है। अनेक जीवन दूसरे सुरक्षित स्थानों की ओर पलायन या प्रवास कर जाते हैं। कुछ जानवर चारा या भोजन न मिलने के कारण भूख से मर जाते हैं। कृषि उत्पादन में कमी हो जाती है। कृषि उत्पादन में कमी का प्रभाव अर्थव्यवस्था पर भी पड़ता है।

अफ्रीका के सहेल क्षेत्र (मार्टिनिया, सेनेगल, चाड, नाइजीरिया, युगाण्डा, माली, इथियोपिया, सूडान तथा कीनिया) में भीषण सूखे से हजारों पशु मरते रहते हैं। इस क्षेत्र में 1968 से 1975 के 7 वर्षों तक लगातार सूखा रहा। इससे भूमिगत जल भण्डार समाप्त हो गये। भुखमरी व प्यास के कारण 50 लाख मवेशी दम तोड़ गये। अकेले इथियोपिया में भूख, कुपोषण एवं प्यास से 50,000 व्यक्ति मृत्यु की भेंट चढ़ गये। वहाँ आज भी सूखे की स्थिति है। इससे यहाँ की भेड़ों की संख्या 50% घट गयी। यहाँ वर्ष 1911, 1916, 1919, 1920, 1965, 1966, 1967 तथा 1968 भयंकर सूखे पड़े हैं।

भारत में भी भीषण सूखे की घटनायें कई बार घटित हुई हैं। भारतीय मानसूनी वर्षा अनियमित, अनिश्चित तथा भ्रामक हैं। यहाँ प्रतिवर्ष देश के किसी न किसी भाग में सूखा पड़ता ही रहता है। राजस्थान की रेतीली 6,00,000 किमी. भूमि पर जल की सदैव कमी बनी रहती है। 1987 में भारत में भयंकर सूखा पड़ा। उड़ीसा के कालाहांडी या इथियोपिया क्षेत्र में सूखे की परिभाषा के अनुसार 1985, 1986, 1987 तथा 1988 के वर्ष अनवरत भीषण सूखे से प्रभावित रहे। मध्य प्रदेश के मालवा क्षेत्र में इन्दौर (66%), उज्जैन (66%), शाजापुर (37%), देवास (30%), रतलाम (26%) तथा मदसौर (22%) जिलों के कुएँ सूख गये।

भारत में सूखे से प्रभावित क्षेत्र–भारत में सूखे से निम्न क्षेत्र प्रभावित रहते हैं—(i) राजस्थान, (ii) गुजरात, पंजाब, पश्चिमी उत्तर प्रदेश, आन्ध्र प्रदेश व तेलंगाना क्षेत्र, (iii) पूर्वी उत्तर प्रदेश, दक्षिणी कर्नाटक तथा महाराष्ट्र का विदर्भ क्षेत्र, (iv) मध्य प्रदेश, पश्चिमी बंगाल, बिहार, तटीय आन्ध्र प्रदेश, मध्य महाराष्ट्र तथा उड़ीसा।

राजस्थान में दो-ढ़ाई वर्ष के अन्तराल पर भीषण सूखा पड़ता रहता है। गुजरात, पंजाब, पश्चिमी उत्तर प्रदेश तथा तेलंगाना क्षेत्र में औसतन तीन वर्षों बाद सूखा पड़ता रहता है। पूर्वी उत्तर प्रदेश, दक्षिणी कर्नाटक व महाराष्ट्र के विदर्भ क्षेत्र में चार वर्ष बाद सूखा पड़ता है। पश्चिमी बंगाल, बिहार, मध्य प्रदेश, तटीय आन्ध्र प्रदेश, केरल तथा उड़ीसा में औसतन पाँच साल के अन्तर पर सूखा पड़ता रहता है।

आपदा प्रभावों के आच्छादन में सक्रिय तत्त्व

(i) सूखे से बाधित क्षेत्रों की संभावनाएँ कम वर्षा वाले क्षेत्रों में अधिक होती हैं।

(ii) छोटे किसान जिनके पास भूमि की मात्रा काफी कम होती है।

(iii) कृषि में उन्नति लाने के लिए साधनों एवं बीज की कमी।

(iv) सिंचाई के अन्य साधनों के अभाव।

प्रतिकूल प्रभाव

कृषकों की आय में कमी, कृषि कार्यों के लिए धन के अभाव, भोज्य पदार्थों की मूल्य-अभिवृद्धि, मुद्रास्फीति की दर में अभिवृद्धि, पोषक आहार की कमी, बीमारी, असमय मृत्यु, निर्मल जल-स्रोतों के अभाव, पलायन, समुदायों में पलायन की प्रवृत्ति, समुदायों में विभाजन, पशु-धन की कमी।

(i) पूर्व-सूचना सम्बन्धी व्यवस्थाएँ।

(ii) संस्थागत रूप से पारस्परिक आदान-प्रदान के आधार पर विकास योजना।

आपदा की स्थिति के पश्चात् आवश्यक प्रतिनिधिक आवश्यकताएँ

भोज्य पदार्थों की उपलब्धि के लिए किए गए प्रयास, मूल्य-नियंत्रण, खाद्य सहायता कार्यक्रम, रोजगार के अवसर प्रदान करने के कार्यक्रम, खाद्य वितरण, पशु-धन की सुरक्षा के प्रयास, जल एवं स्वास्थ्य सम्बन्धी सेवाओं की उपलब्धि के पूरक कार्यक्रम।

प्रभाव मूल्यांकन उपाय

पोषकता सम्बन्धी सर्वेक्षण, आर्थिक एवं सामाजिक सर्वेक्षण वर्षा एवं आद्रता से सम्बन्धित आँकड़ों के संकलन, उपग्रहों से प्राप्त किए गए चित्र।

पर्यावरण प्रदूषण

पर्यावरण प्रदूषण के प्रमुख कारक तत्व इस प्रकार हैं—

(i) औद्योगिक एवं परिवहन कारणों से उत्पन्न प्रदूषण।

(ii) जल स्रोतों में औद्योगिक त्याज्य के कारण, पेट्रोलियम पदार्थों के कारण एवं रेडियम धर्मी त्याज्य के कारण उत्पन्न प्रदूषण।

(iii) अन्य जल प्रवाहों में प्रदूषण—नदगी जल प्रवाह मल-मूत्र तथा अन्य दूषित पदार्थों के विसर्जन से प्रदूषित होते हैं। कीटनाशक दवाओं के कारण, वन-विनाश के कारण, मिट्टी के कटाव के कारण भी जल स्रोत प्रदूषित होते हैं।

(iv) भूमंडलीय ताप

(v) पर्यावरण में 'क्लोरोफ्लोरो कार्बन्स' की अधिकता से उत्पन्न ओजोन क्षीणता जिसके कारण सूर्य की हानिकारक परा-बैंगनी प्रकाश किरणों से सुरक्षा कवच नहीं मिल पाते।

प्रतिकूल प्रभाव

(i) फसलों की क्षति, इमारतों की क्षति, वनों की क्षति, जल-जीवन की क्षति एवं मानव स्वास्थ्य सम्बन्धी समस्याएँ।

(ii) रोगाणुओं के प्रसार, जल-जीवन की क्षति, रासायनिक प्रदूषण से उत्पन्न विषम परिस्थितियाँ जिनसे मानव जीवन, पशु जगत एवं जल-जीवन समान रूप से प्रभावित होते हैं।

(iii) समुद्र जल स्तर में अभिवृद्धि मौसम में परिवर्तन व तापमान की अधिकता।

(iv) त्वचा सम्बन्धी रोग, विशेष रूप कैसर की अधिकता, मोतियाबिन्द, प्रतिरक्षात्मक शक्ति की क्षीणता, जल-जीवन पर आधारित संभावित उपचार।

उपाय

(i) राष्ट्र पर पर्यावरण सुरक्षा नीति निर्माण की योजना।

(ii) पर्यावरण संदर्भित शिक्षा कार्यक्रमों में अभिवृद्धि।

(iii) विकास कार्यक्रमों के सन्दर्भ में सरकारी कर्मचारी को शिक्षित करने का उपाय।

प्रभाव मूल्यांकन उपाय

(i) हवाई निरीक्षण, भू-निरीक्षण-संवेदनशील मापन यंत्रों की सहायता से स्थिति के सही अनुमान की व्यवस्था।

(ii) जल, वायु एवं मिट्‌टी के परीक्षण कार्यक्रम।

वन-विनाश

वन विनाश के लिए निम्नलिखित पहलु उत्तरापेंक्षी हैं—

(i) कृषि के रुप एवं चारागाहों के रूप में भूमि के अत्यधिक उपयोग।

(ii) जलाने के लिए लकड़ी एकत्रित करने की रीति।

(iii) भवन निर्माण तथा अन्य उपयोगों के लिए वन की लकड़ी के प्रयोग।

आँकड़ों के आधार पर वन-विनाश की पर्याप्त सूचनाएँ प्राप्त हो रही हैं। इन सूचनाओं के कारण समस्या की गम्भीरता से जनसमुदाय भी भलीभाँति परिचित हैं। विश्व व्यापी स्तर पर निदान कार्यक्रम एवं उनके अनुकूल प्रभाव भी प्राप्त हुए हैं। लेकिन अभी भी विश्व के कुछ भागों में विनाश की घटनाएँ पूर्ववत् बनी हुई हैं।

आपदा प्रभावों के आच्छादन में सक्रिय तत्त्व

(i) औद्योगिक क्षेत्रों में जनसंख्या की सघनता।

(ii) ईंधन के लिए वनों पर निर्भरता।

प्रतिकूल प्रभाव

वन-विनाश के कारण वनों से प्राप्त होने वाले परम्परागत लाभों से मानव समुदाय वंचित रह जाते हैं। परम्परागत रूप से जीवन-यापन करने वाली सभ्यताएँ आधुनिकता के इन प्रहारों को सहन नहीं कर पातीं। वनों पर निर्भर निर्यात व्यापार भी वन-विनाश के सहयोगी हैं। इन सभी कारणों से अनेक प्रकार की आपदाएँ भी जन्म लेती हैं। जैसे—

(i) वन विनाश के कारण भूमि संरक्षण के अभाव में मिट्टी के कटाव की संभावनाएँ बहुत अधिक बढ़ जाती हैं। ऐसी परिस्थिति में जल-प्रवाहों की प्रबलता विनाश को सशक्त बना देती है।

(ii) वनों के विनाश से भू-संरक्षण की प्राकृतिक प्रक्रिया बांधित होती है। पेड़ों की जड़ें मजबूती से मिट्टी के बहाव को रोकती हैं और उनकी हरित छत्र-छाया मिट्टी की नमी को बनाएं रखने में सहायक बनती है। इन दोनों के अभाव में सूखे की संभावनाएँ अधिक हो जाती हैं।

(iii) भूक्षति के कारण कृषि उत्पादन के अभाव अकाल की स्थिति उत्पन्न करते हैं। मरुभूमि की विस्तार भी इन्हीं कारणों से होता है।

उपाय

(i) वन-संरक्षण के प्रबंधन, नियमन सम्बन्धी व्यवस्थाएँ।

(ii) वृक्षारोपण के अधिकाधिक प्रयास।

प्रभाव मूल्यांकन उपाय

समुदायों में पर्यावरण संरक्षण के प्रति जागरूकता सृजित करने के लिए भूमि संरक्षण, जल संरक्षण, एवं मृदा संरक्षण हेतु प्रबल उपाय किए जाने चाहिए।

वनों के रेखा-चित्र, हवाई सर्वेक्षण तथा अन्य उपाय की सर्वेक्षणात्मक गतिविधियाँ वन-संरक्षण कार्यक्रमों को बल प्रदान करती हैं।

❑❑❑

3

नूतन प्राकृतिक आपदाएँ

प्राकृतिक आपदाओं के अन्तर्गत भूकम्प, ज्वालामुखी, भूस्खलन, हिमस्खलन, सुनामी, बाढ़, सूखा, चक्रवात, अलनिनो, मरुस्थलीकरण तथा मृदा अपरदन आदि को सम्मिलित किया जाता है। लेकिन वर्तमान समय में जबकि मानव द्वारा सम्पादित अनियन्त्रित आर्थिक क्रियाओं के द्वारा अप्रत्यक्ष रूप से अनेक अन्य प्राकृतिक आपदाएँ उत्पन्न होने लगी हैं। यद्यपि ये आपदाएँ प्राकृतिक स्वरूप में उत्पन्न होती हैं, लेकिन इनके उत्पन्न होने में मानव की अप्रत्यक्ष रूप से भूमिका होती है। हरित गृह प्रभाव, तापमान में लगातार वृद्धि, बर्फ पिघलना आदि प्राकृतिक क्रियाएँ हैं, लेकिन अप्रत्यक्ष रूप से इनमें मानव की भूमिका निहित होती है। इसी प्रकार नूतन प्राकृतिक आपदाएँ निम्नलिखित हैं—

1. जलवायु परिवर्तन।
2. हरित गृह प्रभाव।
3. ओजोन क्षयीकरण।
4. अम्ल वर्षा।
5. वैश्विक तापन।
6. ऊर्जा संकट।
7. जल संकट।

1. जलवायु में परिवर्तन (Climatic Change)—प्रकृति के साथ मनमानी तरीके से छेड़छाड़ के द्वारा सन्तुलित जलवायु के कदम लड़खड़ा गये हैं। तीव्र औद्योगीकरण तथा नगरीकरण के फलस्वरूप ध्रुवों की बर्फ पिघल रही है। सन् 1988 में संयुक्त राष्ट्र पर्यावरण

कार्यक्रम तथा विश्व मौसम विज्ञानी संगठन ने वैज्ञानिकों के एक अन्तर्राष्ट्रीय दल—इंटर गवर्नमेंटल पैनल आन क्लाइमेंट चेंज (आई.पी.पी.सी.) का गठन किया है जिसके शोध में पाया गया है कि पिछली सदी के दौरान औसत तापमान में 0.3 से 0.6 डिग्री सेल्सियस की वृद्धि होने मात्र से ही जलवायु डगमगा गई और खतरनाक नतीजे सामने आने लगे हैं। इस दौरान महासागरों का जलस्तर 10.25 सेंटीमीटर ऊँचा हो गया है, जिसमें 2-7 सेंटीमीटर की बढ़ोत्तरी बढ़े हुए तापमान के कारण पानी के फैलाव से हुई है।

जलवायु परिवर्तन एक जटिल प्रणाली है। इसमें परिवर्तन आने से वायुमण्डल के साथ ही महासागर, बर्फ, भूमि, नदियाँ, झीलें तथा पर्वत और भूजल भी प्रभावित होते हैं। इन कारकों में परिवर्तन से पृथ्वी पर पायी जाने वाली वनस्पति और जीव-जन्तुओं पर भी प्रभाव परिलक्षित होता है। जलवायु परिवर्तन से सूखा पड़ेंगे जिसका प्रत्यक्ष प्रभाव खाद्यान्न उत्पादन पर पड़ेगा। जल की उपलब्धता भी घटेगी; क्योंकि वर्तमान समय में कुल स्वच्छ पानी का 50 प्रतिशत मानवीय उपभोग में लाया जा रहा है।

जलवायु परिवर्तन से कृषि के साथ-साथ ही वनों की प्राकृतिक संरचना में परिवर्तन हो सकता है। सूक्ष्म वनस्पतियों से लेकर विशाल वृक्ष तक का तापमान और नमी का एक विशेष सीमा में अनुकूलन रहता है। इसमें परिवर्तन होने से ये वनस्पतियाँ या तो अपना स्थान परिवर्तित कर लेंगी या सदा के लिए विलुप्त हो जाएँगी। ऐसा अनुमान लगाया जाता है कि बढ़ती जनसंख्या एवं शहरीकरण के कारण इन्हें दूसरा रास्ता ही अपनाना होगा। इस प्रकार जलवायु परिवर्तन से विश्व के एक-तिहाई वनों को खतरा है। उच्च तापमान से वनाग्नि की घटनायें भी बढ़ रही हैं। वनाग्नि से वायुमण्डल की कार्बन-डाइ-आक्साइड की मात्रा बढ़ सकती है।

पृथ्वी की जलवायु परिवर्तन होने से कई संक्रामक रोगों का प्रकोप भी तीव्र गति से बढ़ रहा है। ठण्डे देशों में लू जैसी हवायें चलने लगी हैं। सन् 1999 के जुलाई माह में शिकागो में एक सप्ताह तक गर्म हवायें (लू) चली, जिससे 50 लोग मारे गये। जलवायु परिवर्तन एवं मलेरिया में अनुकूल सम्बन्ध हैं, क्योंकि मलेरिया फैलाने वाले मच्छर और मलेरिया परजीवी दोनों को ही ठण्डी जलवायु रास नहीं आती है। बढ़ते तापमान में ये स्वतन्त्र कार्य करते हुए अनेक संक्रामक रोग फैलाते हैं। रवाँडा में सन् 1960 में एक डिग्री सेल्सियस तापमान बढ़ने से मलेरिया में दुगुनी वृद्धि हो गई। कुख्यात डेंगू बुखार भी तापमान में वृद्धि से ही होता है। वैज्ञानिकों का मानना है कि जलवायु परिवर्तन के कारण पुनः उत्पन्न होने वाले संक्रामक रोगों का सर्वाधिक कहर विकासशील देशों को झेलना पड़ेगा।

जलवायु परिवर्तन और सामाजिक जीवन

किसी भी देश, राज्य और क्षेत्र की सम्पन्नता और सभ्यता के विकास में स्वच्छ पर्यावरण का योगदान महत्त्वपूर्ण रहा है। विकास और समृद्धि पैमाने को तय करते समय

वर्तमान समाज के भविष्य की संभावनाओं और आवश्यकताओं पर भी विचार किया जाना चाहिए। यदि हम ऐसा नहीं कर सकते हैं तो फिर अविवेकपूर्ण कार्यों एवं निर्णयों के दुष्परिणाम भुगतने में देर नहीं लगेगी। आज पूरा मानव समाज जलवायु परिवर्तन के गंभीरतम संकट की चपेट में है। बढ़ते तापक्रम के कारण आज कई स्वास्थ्य सम्बन्धी घातक बीमारियां और मौसम की विषमताएं जैसी समस्याएं सामने आ रही हैं।

जलवायु परिवर्तन विश्व की गम्भीर समस्याओं में से एक है। यह समस्या स्वतः ही विभिन्न समस्याओं को जन्म देती है। प्राकृतिक कारणों से जलवायु में हमेशा परिवर्तन होता रहता है। परन्तु आज जलवायु में परिवर्तन मानव गतिविधियों के कारण हो रहा है। वर्तमान परिदृश्य में यह गम्भीर चिन्ता का विषय है, जलवायु परिवर्तन के फलस्वरूप सामान्य तापक्रम में बढ़ोत्तरी का सामाजिक जीवन पर बुरा प्रभाव पड़ रहा है। जलवायु परिवर्तन के कारण ग्लेशियरों के पिघलने और समुद्र का जलस्तर बढ़ने जैसी घटनाओं से भी अधिक असर आज हमारे खानपान, सेहत और श्रम पलायन पर पड़ रहा है। इसके अलावा जल संसाधनों पर भी विपरीत प्रभाव पड़ने की पूर्ण सम्भावना है। जिससे पेय जल, सिंचाई, दैनिक उपयोग एवं विकास कार्यों हेतु जल की उपलब्धता निरन्तर प्रभावित हो रही है। जलवायु परिवर्तन को लेकर मानसिक विभ्रम जैसी समस्याएं भी आ रही हैं। जलवायु परिवर्तन मानसिक स्वास्थ्य पर व्यापक और गहरा असर डाल सकती है। अनेक अन्तर्राष्ट्रीय व राष्ट्रीय पर्यावरणीय सम्मेलनों के बाद भी मानव का रूख इस सम्बन्ध में नकारात्मक संदेश देता है।

जलवायु परिवर्तन का सामाजिक जीवन पर पड़ने वाला कुप्रभाव का विवरण इस प्रकार हैं—

कुपोषण जनित समस्याएँ

जलवायु परिवर्तन के कारण फसलों की पौष्टिकता में कमी आने के संकेत भी चिन्ताजनक है। जलवायु परिवर्तन का ज्यादा गम्भीर असर हमारे खानपान और सेहत पर पड़ेगा। देश की जनसंख्या का एक बड़ा भाग शाकाहारी है। उनके भोजन में दूध व दाल के अलावा प्रोटीन का कोई अन्य महत्त्वपूर्ण स्रोत नहीं है। भोजन में पोषक तत्वों की कमी का मानव के शारीरिक और मानसिक विकास पर बुरा प्रभाव पड़ेगा। जिसके परिणामस्वरूप व्यक्ति आसानी से अनेक कुपोषणजनित बीमारियों से ग्रसित हो जायेगा। जलवायु परिवर्तन के कारण गरीब देशों का सबसे अधिक नुकसान होगा। साथ ही ग्रीन हाउस गैसों की बढ़ती सान्द्रता के कारण फसलों की गुणवत्ता भी प्रभावित होगी जिसका विकासशील देशों के ऊपर बुरा प्रभाव पड़ेगा। जब वातावरण में कार्बन डाइऑक्साइड की मात्रा अधिक रहती है तब गेहूँ, चावल, बाजरा और आलू में प्रोटीन की मात्रा कम हो जाती है। इसका कारण यह है कि जब पौधों को कार्बन की अधिक मात्रा मिलती है तो ऐसी परिस्थितियों में पौधे प्रोटीन की जगह अधिक कार्बोहाइड्रेट बनाने लगते हैं। फसलों में प्रोटीन की मात्रा घटने का ज्यादा प्रभाव गरीब देशों के लोगों के पोषण पर पड़ेगा। विकसित राष्ट्रों के लोग तो मांस-मछली को प्रोटीन के स्रोत के रूप में उपभोग करते हैं। जलवायु परिवर्तन का मानव पर शारीरिक व मानसिक प्रभाव भी पड़ रहा है।

2. हरित गृह प्रभाव (Green House Effect)—वायुमण्डल में मानवजनित कार्बन-डाइ-ऑक्साइड के आवरण प्रभाव के कारण पृथ्वी की सतह के प्रगामी तापन को हरित गृह प्रभाव कहते हैं। हरित गृह प्रभाव उत्पन्न करने वाली गैसों में कार्बन-डाइ-ऑक्साइड, जलवाष्प, मीथेन और नाइट्रस ऑक्साड प्रमुख हैं। पृथ्वी के बाहर से आने वाली दीर्घ तंरगों को अशोषित करने के कारण हैलोजन गैसें तथा क्लोरोफ्लोरोकार्बन (CFC) भी हरित गृह/गैसों की श्रेणी में आती है। इनमें सबसे अधिक योगदान कार्बन-डाइ-ऑक्साइड (CO_2) का रहता है।

मनुष्य द्वारा विभिन्न उद्देश्यों के लिए जीवाश्मीय ईंधन के दहन से CO_2 का वायुमण्डल में विमोचन होता है। इनके अतिरिक्त विद्युत उत्पादन केन्द्रों, उद्योगों में कोयला एवं खनिज तेल के दहन की चिमनियों (मानव ज्वालामुखी) से निःसृत होने, यातायात के साधनों में दहन होने वाले ईंधन से तथा घरेलू उपयोग के दौरान लकड़ियों के दहन से CO_2 गैस का भारी मात्रा में विमोचन होता है। वन विनाश द्वारा भी CO_2 की मात्रा बढ़ती है। सन् 1750 के बाद CO_2 की मात्रा 30 प्रतिशत बढ़ जाती है जिससे 65 प्रतिशत हरित गृह प्रभाव बढ़ा है। 1965 में वातावरण CO_2 की मात्रा 320 पीपीएम (भाग प्रति दस लाख) थी, जो बढ़कर 1990 में 360 पीपीएम हो गई। वर्तमान समय में वायुमण्डल में कार्बन-डाइ-ऑक्साइड की सान्द्रता लगभग 380 पी.पी.एम. की है अर्थात् विगत एक दशक में CO_2 की वृद्धि दर लगभग 0.5 प्रतिशत वार्षिक रही है। इसी आधार पर वैज्ञानिकों का अनुमान है कि सन् 2050 तक वातावरण में CO_2 की मात्रा दुगुनी हो जायेगी।

कार्बन-डाइ-ऑक्साइड (CO_2)—यह वास्तव में वातावरण का एक प्राकृतिक घटक हैं। वायुमण्डल के निचले भाग में यह प्रदूषक तत्त्व नहीं है; किन्तु इसका सान्द्रण अधिक होने से ऊष्मा सन्तुलन में परिवर्तन होने से जलवायु परिवर्तित होने की सम्भावना रहती है। वैज्ञानिकों का मानना है कि जलवायु परिवर्तन के दौरान तापमान में विश्वव्यापी परिवर्तन से जीव-जन्तुओं पर प्रतिकूल प्रभाव डालती हैं। तापमान में वृद्धि होने पर वर्षा तथा मृदा में नमी की मात्रा में कमी होगी, जिससे कृषि प्रभावित होगी। कई स्थान सूखे की चपेट में आयेंगे। वर्षा में कमी एवं तापमान में वृद्धि से वन क्षेत्र भी घटेगा। वातावरण में ह्रास के परिमाणस्वरूप जैव विविधता का भी ह्रास होगा। तापमान बढ़ने के कारण बर्फ पिघलने से सागरीय तट जलमग्न हो जायेंगे। एक अनुमान के अनुसार हरित गृह प्रभाव के कारण तापमान में वृद्धि होने से सागरतल से सन् 2050 तक एक मीटर की वृद्धि हो जायेगी। जिस कारण मिस्र के भूमध्य सागरीय तटवर्ती क्षेत्र का 15 प्रतिशत कृषि क्षेत्र नष्ट हो जायेगा। यदि मानवजनित CO_2 का वातावरण में निरन्तर सान्द्रण होगा जो महासागरीय भागों को CO_2 का अधिकाधिक अवशोषण करना पड़ेगा। यदि महासागरीय जल में CO_2 का अवशोषण तथा विघटन सामान्य स्तर से अधिक होगा तो अम्लता बढ़ जायेगी, जिससे सागरीय पारिस्थितिक तन्त्र की उत्पादकता घटेगी। हरित गृह गैसों के कारण समतापमण्डल ओजोन में अल्पता आयेगी जिस कारण तापमान में वृद्धि होगी।

3. ओजोन क्षयीकरण (Ozone Depletion)—धरती के रक्षा कवच की तरह काम करने वाली ओजोन गैस की परत हानिकारक पराबैंगनी किरणों को धरती पर आने से रोकती है। ओजोन पर ह्रास के लिए क्लोरोफ्लोराकार्बन (CFC) उत्तरदायी है। CFC का आविष्कार संयुक्त राष्ट्र अमेरिका (U.S.A.) में सन् 1930-31 में हुआ था। अप्वलनशील रासायनिक रूप से निष्क्रिय तथा अविषाक्त होने के कारण औद्योगिक रूप से CFC की पहचान एक आदर्श प्रशीतक के रूप में की गई। उस समय CFC को 'चमत्कारी यौगिक' की संज्ञा दी गई थी। प्रशीतक (रेफ्रीजेरेटर) वातानुकूलता, यन्त्रों, इलेक्ट्रॉनिक, प्लास्टिक तथा दवा उद्योगों एवं एरोसोल आदि में (CFC) का व्यापक प्रयोग होता है।

वायुमण्डल में पायी जाने वाली ओजोन की परत सूर्य की पराबैंगनी किरणों को अवशोषित कर उसके दुष्प्रभावों से हमारी रक्षा करती है। सूर्य से आने वाली पराबैंगनी किरणें मानव त्वचा पर प्रतिकूल प्रभाव डालती हैं। जिस कारण त्वचा कैंसर होने की सम्भावना रहती है। पर्यावरण सुरक्षा एजेंसी के एक प्रतिवेदन के अनुसार ओजोन की मात्रा में 1 प्रतिशत की कमी होने पर त्वचा कैंसर से पीड़ित मनुष्यों की संख्या में 2 प्रतिशत की वृद्धि हो जाती है। संयुक्त राज्य अमेरिका में प्रतिवर्ष त्वचा कैंसर से ग्रसित लोगों की संख्या में 3 से 4 लाख तक की वृद्धि हो रही है। मनुष्य के अतिरिक्त लगभग 200 पेड़-पौधों की प्रजातियों पर ओजोन का प्रभाव परिलक्षित हो रहा है। ओजोन के प्रभाव से प्रकाश संश्लेषण की प्रक्रिया का भी प्रभाव पड़ता है। पौधों की उपापचयी क्रियाओं को भी ओजोन प्रभावित करती हैं। ओजोन की अल्पता से पृथ्वी का तापमान बढ़ेगा तथा तापमान वृद्धि के दुष्प्रभावों का विवरण पूर्व में दिया जा चुका है।

वर्तमान समय में सम्पूर्ण मानव समाज पर आधुनिक वैज्ञानिक प्रगति का गहरा प्रभाव पड़ रहा है। एक ओर तो इस प्रगति ने मानव को अप्रत्याशित सुख-सुविधाएँ प्रदान की हैं। दूसरी ओर अनेक ऐसी समस्याएँ भी उत्पन्न होने लगी हैं जिनका समाज पर दूरगामी हानिकारक प्रभाव पड़ने की संभावनाएँ स्पष्ट नजर आने लगी हैं। विश्व भर में डीजल, पेट्रोल एवं खनिज गैसों से चलने वाले वाहनों की संख्या में बेतहाशा वृद्धि हुई है जिनसे कार्बनमोनोआक्साइड, कार्बन-डाइ-आक्साइड आदि विषैली गैसों का धुआँ हमारे वायुमण्डल को प्रदूषित करने लगा है। यह धुआँ मानवों को स्वच्छ वायु से वांचित करता है, फेफड़ों और हृदय की बीमारियाँ देता है, और ऊपर उठकर पृथ्वी की सुरक्षात्मक ओज़ोन परत को नष्ट करने लगा है। ओज़ोन की यह परत धरती को, अंतरिक्ष तथा सूर्य से आने वाली पराबैंगनी किरणों से बचाती है। परन्तु ओज़ोन परत में छेद होने के कारण पृथ्वी पर आने वाली पराबैगनी किरणों ने मानव जीवन को सबसे अधिक प्रभावित किया है।

ओज़ोन परत में हुए छेद की खोज का श्रेय एफ. शेरवुड रोलैंड को जाता है। इसी खोज के लिए उन्हें अपने साथियों मारियो मोलीना और पाल कुत्सन के साथ संयुक्त रूप से 1995 में केमिस्ट्री के नोबेल पुरस्कार से सम्मानित किया गया। ओज़ोन गैस स्ट्रेटोस्फियर

की ऊपरी सतह पर 50 किमी. की ऊँचाई पर पायी जाती है जो कि एक सतह बनाती है जिसे आज़ोनोस्फियर कहते हैं। यह पराबैंगनी किरणों को छानने का कार्य करती है और पृथ्वी को इसके हानिकारक प्रभावों से बचाती है। पराबैंगनी किरणें तीन प्रकार की होती है- यूवी-ए, यूवी-बी, यूवी-सी। इन सभी में यूवी-बी जिसकी तरंगदैर्ध्य 250-315 नैनोमीटर है, बहुत खतरानक होती है। ओजोन परत की वजह से हम अब तक पराबैंगनी किरणों की इस काली छाया से काफी सीमा तक सुरक्षित हैं। ओज़ोन एक अस्थायी गैस है। पराबैंगनी किरणें जो कि सूर्य से आती है ओज़ोन गैस के बनने और क्षरण में भाग लेती है।

यह एक निरन्तर चलने वाली प्रक्रिया है। इस प्रक्रिया के दौरान पराबैंगनी किरणों का एक भाग अवरक्त किरणों में बदल जाता है जोकि मनुष्य के लिए हानिकारक नहीं है। ओज़ोन के अणु बनने में कमी तथा निरन्तर क्षरण होने से अब पराबैंगनी किरणे पृथ्वी पर आने लगी हैं जिसे साधारणतया ओज़ोन क्षरण कहते हैं। क्लोरो फ्लोरो कार्बन, कार्बन टेट्रा क्लोराइड तथा होमोफ्लोरो कार्बन भी ओज़ोन परत के क्षरण के लिए मुख्य रूप से जिम्मेदार हैं। ये सभी यौगिक नवजात क्लोरीन बनाते हैं जो कि ओज़ोन अणु को तोड़ देती है, जिससे पुनः नवजात क्लोरीन प्राप्त हो जाती है। जो पुनः ओज़ोन के अणु को तोड़ देती है। अतः नवजात क्लोरीन का एक अणु ओज़ोन के एक लाख अणुओं को नष्ट कर देता है।

अंटार्कटिका में सबसे ज्यादा ओज़ोन परत के नष्ट होने का पता चला है। अंटार्कटिका के ऊपर ओज़ोन की परत में लगभग 2 करोड़ 70 लाख वर्ग किमी. बड़ा छिद्र है जोकि हर वर्ष सितम्बर और अक्टूबर के दौरान बढ़ता है। सर्दियों के क्लोरोफ्लोरोकार्बन जमकर बर्फ की संरचना का निर्माण करती है। क्लोरोफ्लोरोकार्बन में उपस्थित नवजात क्लोरीन ओज़ोन परत पर हमला करने के लिए स्वतंत्र रहती है। ओज़ोन परत के प्रभावित होने से दक्षिणी ध्रुव का मौसम गर्म होता जा रहा है और अंटार्कटिका पट्टी की बर्फ पिघलती जा रही है। समुद्र का जलस्तर दो गुना तेज रफ्तार से बढ़ रहा है। क्लोरोफ्लोरोकार्बन गैस में जिसकी खोज 65 साल पहले हुई थी, क्लोरीन, फ्लोरीन और ब्रोमीन जैसी गैसों के अणु होते हैं। इस गैस का इस्तेमाल ए सी, कोल्डस्टोरेज, रेफ्रिजरेटरों, शेविंग क्रीम आदि में किया जाता है। इस विषय की गम्भीरता को समझते हुए सन् 1987 में मांट्रियल प्रोटोकाल की स्थापना हुई जिसका उद्देश्य क्लोरोफ्लोरोकार्बन जैसी गैसों के प्रयोग में धीरे-धीरे कमी लाना है। विश्व भर में फैले अनेक कल-कारखाने भी प्रदूषित गैसें उगलते रहते हैं। वायुमंडल में फैलने वाली गैसें मौसम को भी प्रभावित करती हैं। बहुत सी गैसें वर्षा जल के साथ मिलकर अम्ल बनाती हैं और धरती पर अम्ल रूप में बरस कर कृषि और मिट्टी तथा पेड़-पौधों को हानि पहुँचाती हैं। ये गैसें श्वास प्रक्रिया द्वारा फेफड़ों में जाकर गले और फेफड़ों के अनेक रोग पैदा करती हैं। प्रगति के साथ वाहनों की संख्या बढ़ती जा रही है और उसके साथ-साथ विषैली गैसों का प्रकोप भी बढ़ रहा है।

पराबैंगना किरणों की मारक क्षमता समुद्री वनस्पतियों को नष्ट कर तथा वायुमण्डल का तापमान बढ़ाकर ग्लोबल वार्मिंग जैसी स्थिति पैदा कर रही है। ग्लोबल वार्मिंग यानि पृथ्वी का लगातार बढ़ता तापमान। हमारे वायुमण्डल में मुख्यतः ऑक्सीजन और कार्बन डाइआक्साइड जैसी अन्य ग्रीनहाउस गैसें विद्यमान हैं। सूर्य से जो ऊर्जा पृथ्वी पर आती है उसमें से लगभग

29.86% सूर्य विकिरण ऊर्जा अंतरिक्ष में पुनः परावर्तित हो जाती है और शेष पृथ्वी के पर्यावरण में ग्रहण कर ली जाती है जो पृथ्वी को गर्म रखती है जहाँ 46.82% ऊष्मा में रूपान्तरित हो जाती है, 23.10% जल के वाष्पीकरण में उपयोग होता है, 23.10% जल के वाष्पीकरण में उपयोग होता है, 0.2% हवा एवं समुद्री धाराओं एवं तरंग के रूप में गतिज ऊर्जा में रूपांतरित हो जाता है एवं 0.02% प्रकाश संश्लेषण में प्रयुक्त होता है। पृथ्वी पर ऊर्जा ग्रीनहाउस गैसों द्वारा ग्रहण की जाती है। ग्रीनहाउस गैसों के बढ़ जाने के कारण यह चक्र गड़बड़ा जाता है तथा ग्लोबल वार्मिंग की स्थिति उत्पन्न हो जाती है। ग्लोबल वार्मिंग की स्थिति बढ़ने पर यह चक्र उल्टा हो जाता है। रेफ्रिजरेटरों तथा गाड़ियों के वातानुकूलन संयंत्रों में प्रयुक्त होने वाली क्लोरोफ्लोरोकार्बन गैस इस प्रभाव को बढ़ाने में सर्वाधिक योगदान करती है। वातावरण में बढ़ती कार्बन डाइआक्साइड की मात्रा पृथ्वी के वायुमण्डल को एक ऐसे बंद कमरे की शक्ल देता हैं जिसमें सूर्य की गर्मी कैद हो जाती है। इसी कारण पृथ्वी के बढ़ते तापमान ने आर्कटिक की बर्फ को तेजी से पिघलाया है। बर्फ की परत के हट जाने से समुद्री जल गर्मी को बर्फ के मुकाबले ज्यादा तेजी से अवशोषित करता है।

उत्तरी ध्रुव पर रहने वाले बर्फीले भालुओं का अपनी शीतनिद्रा से समयपूर्व जागना, आस्ट्रेलिया का पिछले सौ वर्षों में आया पहला भीषण अकाल और अमेरिका के फ्लोरिडा में पिछले कुछ महीनों में आये कई समुद्री तूफानों को ग्लोबल वार्मिंग का प्रमाण माना जा सकता है। चीन के वैज्ञानिकों के अनुसार ग्लोबल वार्मिंग के कारण माउंट एवरेस्ट और उसके पास के ग्लेशियर तेजी से पिघलाना शुरू हो गए हैं।

डब्ल्यू.डब्ल्यू.एफ. के अनुसार पृथ्वी के लगतार बढ़ते तापमान के कारण हिमखंड प्रभावित हो रहा है। हर साल हिमखंड पिघलकर 15 से 20 मीटर पीछे जा रहा है और पिघला हुआ पानी हिमनदियों में आ रहा है जिसके कारण हिमनदियों की बर्फ और तेजी से पिघलेगी जो भविष्य में घातक साबित होगी। ध्रुवों के अलावा पानी अगर किसी अन्य स्थान पर भरपूर मात्रा में है तो वह है हिमालय की हिमनदियाँ जिनकी वजह से एशिया की सात नदियों में पानी की कभी कमी नहीं रहती। लेकिन जिस तेजी से हिमनदियाँ पिघल रही हैं उससे आने वाले कुछ वर्षों में तो उत्तर भारत, पश्चिमी चीन और नेपाल में पहले जबरदस्त बाढ़ का खतरा होगा और फिर कुछ दशक बाद ये हिस्से सूखे की चपेट में आ जायेंगे। हिमनदियों के पिघलने से झीलों का बढ़ता जलस्तर गंभीर खतरे का संकेत है।

पृथ्वी की सतह से 150 से लेकर 1000 किमी. की ऊँचाई पर स्थित कक्षा को 'लो अर्थ ऑरबिट' कहा जाता है। कार्बन-डाइ-आक्साइड के बढ़ते स्तर का दुष्प्रभाव तापमान बढ़ाने के लिए जिम्मेदार सिद्ध हो रहा है। थर्मोस्फीयर का तापमान व घनत्व कार्बन डाइआक्साइड की बढ़ती मात्रा के साथ घट रहा है। पिछले दो दशकों में प्रत्येक 10 वर्ष में लगभग 0.3°C तापमान बढ़ा है। विगत 100 वर्षों में वर्षा 15% बढ़ गई है तथा सामुद्रिक स्तर 10.5 सेमी. बढ़ गया है। इसका कारण कारखानों, ऊर्जा संयंत्रों और वाहनों से उत्सर्जित होने वाली कार्बन डाइऑक्साइड है जो गर्मी को वायुमण्डल में ही रोक लेती है।

ग्लोबल वार्मिंग के बढ़ने के परिणामस्वरूप चक्रवती तूफान, बंवडर, शक्तिशाली भूकम्प, समुद्र तूफान, विनाशकारी बाढ़ और अंत में बर्फ की मोटी चादरों से ढके शहरों वाले हिमयुग की शुरुआत की भी आशंका बढ़ती जा रही है। यदि समय रहते पर्यावरण संरक्षण के उपाय नहीं किये गये तो वर्ष 2026 से 2060 के बीच धरती के तापमान में 2.0 सेल्सियस की वृद्धि हो जाएगी जिससे हिमाच्छादित उत्तरी और दक्षिणी ध्रुवीय क्षेत्रों की बर्फ तेजी से पिघलेगी और महासागरों का जलस्तर अपनी मर्यादा को तोड़कर तटवर्तीत क्षेत्रों को लील जाएगा। डब्ल्यू.डब्ल्यू.एफ. की रिपोर्ट के अनुसार वर्ष 1750 से लेकर अब तक धरती का तापमान 0.7°C बढ़ चुका है।

यदि विभिन्न संयंत्रों से निकलने वाली गैसों की रोकथाम के कोई उपाय नहीं किये गए तो ओज़ोन परत पूर्णतया नष्ट हो जाएगी जिससे पृथ्वी का तापमान इतना बढ़ जाएगा कि पृथ्वी से मानव समेत जीवों की सभी प्रजातियाँ विलुप्त हो जाएँगी। आज मानव जाति के अस्तित्व पर संकट के बादल मंड़राने लगे हैं अतः भविष्य के इस महाविनाश को टालने के लिए आज ही ठोस कदम उठाने होंगे।

4. अम्ल वर्षा (Acid Rain)—मानव के लिए जल विभिन्न उपयोगों हेतु महत्त्वपूर्ण है। यह जल मुख्य रूप से वर्षा से प्राप्त होता है। वर्तमान समय में मानवजनित स्रोतों से निःसृत सल्फर-डा-ऑक्साइड (SO_2) में पहुँचकर जल से मिश्रित होकर सल्फेट तथा सल्फ्यूरिक अम्ल (H_2SO_4) का निर्माण करती है। जब वह अम्ल वर्षा के साथ धरातल पर पहुँचता है तो इसे अम्ल वर्षा कहते हैं। जल की अम्लीयता को pH में मापते हैं। जब जल का pH^7 हो तो उसे उदासीन जल कहते हैं। सामान्य वर्षा का pH 5 होता है लेकिन ये मानक 4 से कम होता है तो यह जल जैविक समुदाय के लिए हानिकारक होता है। जितनी अधिक मात्रा में सल्फर-डाइ-ऑक्साइड और नाइट्रोजन ऑक्साइड का सान्द्रण वातावरण में होगा उतना ही वर्षा जल का pH घटेगा।

वैज्ञानिकों का मानना है कि अम्ल वर्षा सल्फर-डाइ-ऑक्साइड और नाइट्रोजन ऑक्साइड उगलने वाले औद्योगिक एवं परिवहन स्रोतों के क्षेत्रों तक ही सीमित नहीं होती वरन् वह स्रोतों, क्षेत्रों से दूर अत्यधिक विस्तृत क्षेत्रों को प्रभावित करती है, क्योंकि अम्ल वर्षा के उत्तरदायी कारक प्रदूषक गैसीय रूप में होते हैं जो हवा एवं बादलों द्वारा दूर तक फैल जाते हैं। उदाहरण के लिए, जर्मनी तथा इंग्लैण्ड स्थित मिलों से निकली सल्फर-डाइ-ऑक्साइड तथा नाइट्रोजन के ऑक्साइड के कारण नार्वे तथा स्वीडन में अम्लीय वर्षा के कारण अधिकांश झीलों की जैविक सम्पदा समाप्त हो गयी हैं। ऐसी झीलों को अब जैविकीय दृष्टि से मृत झील कहते हैं। खाड़ी युद्ध के दौरान इराक द्वारा कुवैत के प्राकृतिक तेल के कुओं में आग लगा देने के परिणामस्वरूप निःसृत धुआँ से ईरान तथा भारत के जम्मू-कश्मीर क्षेत्र पर इसका प्रभाव दिखाई दिया। जम्मू-कश्मीर में वर्षा की परतों के मध्य कार्बन की परतें मिली थी। यह कार्बन धुआँ में विद्यमान CO_2 के वर्षा जल के साथ आने से जमा हुआ था।

अम्ल दृष्टि के कारण मृदा उत्पादकता प्रभावित होती है। अम्लता के कारण मृदाओं के खनिज तथा अन्य पोषक तत्त्व नष्ट हो जाते हैं। मृदावासी जीव भी अम्लता को सहन नहीं कर पाते हैं। अम्ल वर्षा वनों को भी प्रभावित करती। अमेरिका (संयुक्त राज्य अमेरिका, कनाडा, मैक्सिको तथा पश्चिमी द्वीपसमूह) तथा यूरोपीय देशों (नार्वे, स्वीडन, जर्मनी तथा मध्य यूरोपीय देश) में अम्ल वर्षा ने काफी वनों को नष्ट कर दिया है। इनका प्रभाव वृक्षों की पत्तियों तथा जड़ों की अवरोधक गति को प्रभावशीलता से देखा जा सकता है। अम्ल दृष्टि से प्राचीन ऐतिहासिक भवन भी प्रभावित हो रहे हैं। अनेक ऐतिहासिक इमारतें तथा स्मारक जो संगमरमर तथा लाल पत्थर से निर्मित है, उन पर अम्ल दृष्टि से संक्षरण के कारण क्षति हो रही है। भारत में ताजमहल, मोती मस्जिद, लालकिला आदि की अम्ल दृष्टि से क्षति हो रही है। मथुरा तेल शोधन कारखाने से सल्फर-डाइ-ऑक्साइड का प्रभाव ताजमहल की संगमरमरी दीवारों पर पीलेपन के रूप में दृष्टिगत हो रहा है।

5. ग्लोबल वार्मिंग—औद्योगीकरण की बढ़ती प्रतिक्रिया के कारण वायुमण्डल में कार्बन-डाइ-ऑक्साइड की मात्रा बढ़ी है, जिसे हरित गृह प्रभाव को जन्म दिया है। पृथ्वी पर पायी जाने वाली कार्बन-डाइ-ऑक्साइड की मात्रा बढ़ने से धरती की सतह से परावर्तित किरणों द्वारा उत्सर्जित होने वाली तापीय ऊर्जा को वायुमण्डल से बाहर जाने से रोकती है। इस प्रकार तापीय ऊर्जा के वायुमण्डल में सान्द्रण से धरती के औसत तापमान में वृद्धि होती है, ऊर्जा विश्वव्यापी तापन कहते हैं।

वैज्ञानिकों का मानना है कि विश्व तापमान में वृद्धि के कहर से पृथ्वी की जलवायु परिवर्तित होगी, जिसके तहत वर्षा में कमी आयेगी। वर्षा की कमी का प्रत्यक्ष प्रभाव कृषि पर पड़ेगा तथा सूखे की स्थिति उत्पन्न होगी। तापमान वृद्धि एवं वर्षा की कमी के कारण वन-क्षेत्र तेजी से घटेगा जिससे जैव विविधता का भी ह्रास होगा। तापमान वृद्धि के लिए कार्बन-डाइ-ऑक्साइड के अतिरिक्त मीथेन, क्लोरोफ्लोरो कार्बन (CFC) तथा नाइट्रस ऑक्साइड भी उत्तरदायी है। भूमण्डल के गरमाने से नजदीकी और दूरगामी दोनों प्रभाव मानव स्वास्थ्य एवं पर्यावरण के लिए घातक होंगे। नजदीकी प्रभावों में तापीय वृद्धि के कारण मृत्यु, सूखा, तूफान, बाढ़ एवं पर्यावरण अवनयन प्रमुख हैं। दूरगामी प्रभावों में संक्रमण एवं सम्बन्धित रोग, खाद्य समस्या, अकाल तथा जैव विविधता को खतरा पैदा होगा। इनके अतिरिक्त तापवृद्धि से ध्रुवीय एवं उच्च पर्वतीय बर्फ पिघलने से समुद्री किनारे पर स्थित कई शहर डूब सकते हैं।

पर्यावरणविदों ने चेतावनी दी है कि दुनिया भर में हवाई यातायात में तेज रफ्तार से हो रही वृद्धि के कारण होने वाले प्रदूषण से धरती और वायुमण्डल का तापमान तेजी से बढ़ रहा है जिससे 'ग्लोबल वार्मिंग' का खतरा गम्भीर रूप ले रहा है।

सारणी 1: वायुमण्डल में ग्रीन हाउस गैस में मौजूद विभिन्न गैस

गैस	प्रतिशत
कार्बन-डाइ-ऑक्साइड	55%
क्लोरोफ्लोरो कार्बन	17%
मीथेन (11 और 12)	15%
अन्य क्लोरोफ्लोरो कार्बन	7%
नाइट्रस ऑक्साइड	6%
योग	100%

संयुक्त राष्ट्र की संस्था विश्व मौसम विज्ञान संगठन के अनुसार वर्ष 2002 पिछले 142 सालों का दूसरा सबसे ज्यादा गर्म साल रहा। इस वर्ष का तापमान इस अवधि के सबसे गर्म साल 1998 का रिकार्ड तो नहीं तोड़ पाया, लेकिन वर्ष 2001 के तापमान से अधिक रहा।

एक वैज्ञानिक अनुमान के अनुसार प्रत्येक चार हजार मील की हवाई यात्रा से लगभग एक टन कार्बन-डाइ-ऑक्साइड का वायुमण्डल में उत्सर्जन होता है। ग्लोबल वार्मिंग के लिए जिम्मेदार ग्रीन हाउस गैसों में से यह प्रमुख गैस है। हवाई यातायात में इस दशक में दोगुनी की दर से वृद्धि हो रही है और प्रदूषण की मात्रा में भी इसी दर से वृद्धि हो रही है।

वायुमण्डल में कार्बन-डाइ-ऑक्साइड के अलावा नाइट्रस ऑक्साइड जैसी खतरनाक और जहरीली गैस और जलवाष्प भी छोड़ते हैं। इससे अत्यधिक ऊँचाई पर कार्बन-डाइ-ऑक्साइड से दोगुना से ज्यादा 'ग्लोबल वार्मिंग' होती है। हवाई यातायात से होने वाले प्रदूषण का एक और खतरनाक पहलू यह भी है कि कम ऊँचाई के मुकाबले 28,000 से 40,000 हजार फीट की ऊँचाई पर 'ग्रीन हाउस' गैसों का सबसे अधिक प्रभाव होता है। इसका दूसरा खतरनाक पहलू यह है कि इतनी ऊँचाई पर प्रदूषणकारी तत्त्व कम ऊँचाई की तुलना में 500 गुना ज्यादा समय तक यानी 6 महीनों तक वायुमण्डल में रहते हैं। तीसरा खतरनाक पहलू यह है कि अत्यधिक ऊँचाई पर कम तापमान के कारण जलवायु पर इनका प्रभाव भी बढ़ जाता है। इतनी ऊँचाई पर एक लीटर हवाई ईंधन जलाने से धरती के निकट एक लीटर ईंधन जलाने की तुलना में दोगुना ज्यादा प्रदूषण फैलता है। इसके सम्बन्ध में इंटरनेशनल फ्रेंड्स ऑफ नेचर ने इसके लिए कुछ तात्कालिक उपाय सुझाए हैं, जैसे—हवाई ईंधन पर विशेष कर लगाना, संगठन ने विमानों के उड़ान भरने और उतरने के समय जहरीली गैसों के उत्सर्जन की एवज में जुर्माना लगाने और इस राशि का इस्तेमाल पर्यावरण की रक्षा के लिए किए जाने की सिफारिश की है। संगठन ने 420 मील से कम दूरी की छोटी उड़ानों को निरस्त करने की भी सिफारिश की है। एक वैज्ञानित अनुमान के अनुसार

दुनिया भर में हर साल दो अरब लोग हवाई यात्रा करते हैं और चार करोड़, बीस लाख टन सामान एक कोने से दूसरे कोने पर ले जाया जाता है। दुनिया भर में तेल की कुल खपत के 6 प्रतिशत को हवाई यातायात हजम कर जाता है। इसका पर्यावरण के कुल प्रदूषण में तीन प्रतिशत हिस्सा है। सचेत न रहे तो आने वाले दशकों में विनाशकारी बाढ़ और सूखे जैसी आपदा पृथ्वी पर बड़े पैमाने पर विनाशलीला रच सकते हैं।

मौसम वैज्ञानिकों के अनुसार पिछली सदी में 0.3 से 0.6 डिग्री सेल्सियस तापमान बढ़ा है। आई.पी.पी.सी. के वैज्ञानिकों ने जनसंख्या, आर्थिक व तकनीकी विकास को मद्देनजर रखते हुए हरित गृह प्रभाव की तीव्रता का आकलन करके बताया कि अगली सदी के मध्य में वातावरण से कार्बन-डाइ-ऑक्साइड की मात्रा औद्योगिक युग से पूर्व की तुलना में दुगुनी हो जायेगी जिसके फलस्वरूप वर्ष 2100 तक पृथ्वी का औसतम तापमान 1 से 3.5 डिग्री सेल्सियस तक बढ़ने की प्रबल सम्भावना है। वातावरण का तामपान 0.3 से 0.6 डिग्री सेल्सियस की वृद्धि मात्र से ही महासागरों का जलस्तर 10.25 सेंटीमीटर ऊँचा हो गया। इसी आधार पर वैज्ञानिकों ने पूर्वानुमान लगाया है कि अगली सदी के दौरान महासागरों का जलस्तर 15 से 95 सेंटीमीटर तक ऊँचा हो सकता है। महासागरों का जलस्तर ऊपर उठने से हिन्दमहासागर, भूमध्यसागर, अफ्रीका अटलांटिक महासागर और कैरिबियन सागर के तट पर बसे अनेक नगर व महानगर सागर में समा सकते है।

मेरीलैण्ड विश्वविद्यालय के वैज्ञानिकों के अनुसार सागर का जलस्तर एक मीटर ऊपर उठने से मिस्र, बांग्लादेश, चीन, नाइजीरिया के लगभग 9.40 करोड़ लोगों का जीवन संकट में पड़ जायेगा। अकेले मिस्र की भूमध्यसागर तटीय 15% कृषि भूमि नष्ट हो जायेगी। इसी प्रकार बांग्लादेश का विश्व प्रसिदृ 'सुन्दरवन' भी सागर में विलीन हो जायेगा। प्रायद्वीप भारत को भी इससे खतरा उत्पन्न हो सकता है।

सारणी 2 : क्लोरोफ्लोरो कार्बन का उत्पादन

देश	प्रतिशत
यूरोपीय देश	43%
यू.एस.ए.	29%
जापान	12%
रूस	10%
भारत सहित अन्य विकासशील देश	6%
योग	100

22 जनवरी, 2001 को चीन के शंघाई शहर में जलवायु परिवर्तन पर संयुक्त राष्ट्र के तत्त्वावधान में सरकारों की समिति की बैठक आयोजित की गई जिसमें समिति के अध्यक्ष रोबर्ट वाटसन ने एक हजार पृष्ठों की रिपोर्ट जारी की, जिसमें कहा गया है कि अगले सौ

वर्षों के दौरान पृथ्वी के बढ़ते तापमान के कारण हिम आच्छादन घटेगा; जिससे समुद्र का जलस्तर खतरनाक स्तर तक बढ़ जायेगा। रिपोर्ट के अनुसार 1990 से 2100 के मध्य भूसतह का औसत तापमान 1.4 से 5.8 डिग्री सेण्टीग्रेट से अधिक बढ़ेगा।

जलवायु प्राकृतिक तत्त्व के रूप में एक जटिल संरचना रखती है, जो वायुमण्डल के साथ ही महासागर, हिम, भूमि, नदियाँ, झीलें, पर्वत आदि से अन्तर्सम्बन्धित है। इनकी अन्तःक्रिया से उत्पन्न जलवायु परिवर्तन से वर्तमान वनस्पतियों तथा जीव-जन्तु पर आघात पहुंचाती हैं। जलवायु संरचना में परिवर्तित अकाल के रूप में भी परिलक्षित होता है। अमेरिका पर्यावरण सुरक्षा एजेंसी के एक अध्ययन के अनुसार वर्ष 2026 तक दुनिया का चावल, गेहूँ तथा अन्य खाद्यान्नों का उत्पादन 1.2 से 7.6 तक दुनिया का चावल, गेहूँ तथा अन्य खाद्यान्नों का उत्पादन 1.2 से 7.6 प्रतिशत तक कम हो जायेगा।

पर्यावरण एवं वन मन्त्रालय के एक सर्वेक्षण के अनुसार अगर वैश्विक तापमान इसी तरह बढ़ता रहा तो भारत में बर्फ पिघलने के कारण गोवा के तापमान समुद्र का जलस्तर 46 से 58 सेमी. तक बढ़ जाएगा। परिणामस्वरूप गोवा और आन्ध्र प्रदेश के समुद्र के किनारे के 5 से 10% क्षेत्र उजड़ जाएँगे।

विश्वव्यापी तापमान वृद्धि से हिमाचल के हिमनद हिम झिलों में परिवर्तन हो रहे हैं। ये झीलें चौड़ी होती जा रही हैं। अन्तर्राष्ट्रीय विज्ञान पत्रिका न्यू साइंटिस्ट के अनुआसर वर्ष 2035 तक हिमालय के सभी हिमनद नष्ट हो जायेंगे, जिसेक दौरान विकराल बाढ़ की स्थिति भी उत्पन्न हो सकती है। जिसका प्रभाव घाटी के आसपास पहाड़ी क्षेत्रों में रहने वाले लोगों पर पड़ेगा। नई खोजों से पता चला है कि पृथ्वी के गर्म होने के साथ-साथ उत्तर की ओर ग्रीनलैण्ड के हिमनद बड़ी भयावह गति से पिघल रहे हैं। विश्वव्यापी तापमान से अण्टार्कटिका के पूर्वी प्रायद्वीपीय भाग से जुड़ा हुआ लार्सन-बी आइसबर्ग टूट गया है। 1250 वर्ग मील क्षेत्रफल एवं 650 फुट मोटाई वाली बर्फ की इस चट्टान के टूटने को दुनिया के लिए खतरे की घण्टी बताया जा रहा है। लार्सन-बी आइंसबर्ग लगभग 1500 वर्ष पुराना था तथा यह अण्टार्कटिका के प्रायद्वीपीय हिस्से के पूर्वी तरफ जुड़ा था। छोटे-छोटे टुकड़ों में टूटने से पहले इस आइसबर्ग का आकार ब्रिटेन की समरसेट काउंटी के बराबर विभिन्न आकार के टुकड़ों में बिखर गया है। आइसबर्ग का टूटना एक स्वाभाविक घटना है, लेकिन इसके बिखरने की गति वास्तव में आश्चर्यचकित कर देने वाली है। यह अविश्वसनीय लगता है कि अरबों टन वजन वाली बर्फ की यह चट्टान महज एक महीने में ही टुकड़े-टुकड़े हो गई। अण्टार्कटिका के तटवर्ती क्षेत्रों में मौजूद आइसबर्ग इसके प्रायद्वीपीय भाग का ही विस्तार है। यह तथ्य भी आश्चर्यजनक है कि अण्टार्कटिका के ही अन्य हिस्सों का तापमान घट रहा है जबकि प्रायद्वीपीय भाग का तापमान तेजी से बढ़ रहा है। अमेरिकी वैज्ञानिकों ने एक अन्य आइसबर्ग B-22 के टूटकर अण्टार्कटिका से अलग हो जाने की सूचना दी है। इन्होंने बताया कि यह आइसवर्ग आकार में सिंगापुर के कुल क्षेत्रफल से 9 गुना बड़ा

है। ब्रिटेन के पर्यावरण मन्त्री माइकल मीचर का कहना है कि अण्टार्कटिका पर जारी विध्वंस हमारे लिए अत्यन्त चिन्ताजनक है। यह सारी दुनिया के लिए सचेत हो जाने का समय है।

विश्व तापन से सर्वाधिक संवेदनशील उच्च पर्वतीय हिम-नदियाँ ही है जिनका विस्तार अण्टार्कटिका या ग्रीनलैण्ड की तुलना में काफी कम होने तथा सतही जलस्रोत नदियों के प्रमुख उद्गम होने से चिन्ताजनक है। भारतीय उपमहाद्वीप में हजारों साल से प्राकृतिक जलस्रोत और आस्था का प्रतीक रही गंगा-यमुना की साँसें टूट रही हैं। वर्तमान में नदियों को जीवन देने वाले 614 ग्लेशियर संकट में है। गंगा नदी तो जिस गंगोत्री ग्लेशियर से निकली है वह तो 18 किलोमीटर पीछे चला गया है और प्रतिवर्ष 23 मीटर की दर से सिमट रहा है। कार्बन-डाइ-ऑक्साइड और ग्रीन हाउस गैसों का स्तर बढ़ने के कारण ग्लेशियर तेजी से पिघल रहे हैं। जलवायु परिवर्तन पर सौ से अधिक देशों के सैकड़ों वैज्ञानिकों द्वारा तैयार की गई इंटरगवर्नमेंट पैनल की ताजा रिपोर्ट कहती है कि इस बात के लिए और पुख्ता प्रमाण मिले हैं कि पचास वर्षों में मापी गई ज्यादातर गर्मी की वजह मानव गतिविधियाँ हैं। वैज्ञानिक सर्वेक्षण यह कहते हैं कि पृथ्वी की तरह का औसत तापमान बीसवीं सदी में लगभग 0.8 डिग्री सेल्सियस था जिसके 2100 तक 1.4 से 5.8 डिग्री सेल्सियस बढ़ जाने की आशंका है।

अलास्का में एक हजार से अधिक ग्लेशियर 12 किमी. पीछे खिसक चुके हैं। आर्कटिक में समुद्री हिम सीमा 1950 के बाद 15 प्रतिशत तक घटी है। रुस के काकेशस पर्वतमाला के अधिकांश ग्लेशियर आधे सिमट चुके हैं। आल्प्स में 12 हजार ग्लेशियरों का आयतन 50 प्रतिशत व क्षेत्रफल 40 प्रतिशत कम हो चुका है। अफ्रीका में माउंट केन्या ग्लेशियर की 92 फीसदी बर्फ खत्म हो गई है। तिब्बत का जेपू हिमद 100 गज तक सिकुड़ गया है। इसी प्रकार चीन में करीब दो हजार ग्लेशियार मौत के मुँह में हैं। गंगा की सहायक भागीरथी और अलकनन्दा नदी संग्रहण क्षेत्र में स्थित 614 ग्लेशियरों में से 456 को संकट में डाल दिया है। रिपोर्ट कहती हैं कि भागीरथी नदी संग्रहण क्षेत्र के 238 में 206 तथा अलकनन्दा बेसिन के कुल 326 ग्लेशियरों में से ग्लेशियर 16 मीटर प्रति वर्ष की दर से पीछे हट रहे हैं। वैज्ञानिक रिपोर्ट के अनुसार, यमुना नदी के कुल पचास में से 23 ग्लेशियर भी मौत के मुँह में है और कभी भी यमुना नदी का साथ छोड़ सकते हैं। ग्लेशियरों के पिघलने को लेकर हालिया जारी वर्ल्ड वाइल्ड फंड का ताजा दस्तावेज भी यह पुष्टि करता है कि गंगा नदी का सबसे बड़ा ग्लेशियर गंगोत्री प्रति वर्ष 23 मीटर पीछे जा रहा है। इस रिपोर्ट का यह सार भी है कि एशिया की सात बड़ी नदियों—गंगा, सिंधु, ब्रह्मपुत्र, मेकांग, थैनलविन, यांगृजी और येलोरिवर के हिमखण्ड प्रतिवर्ष पिघलकर दस से 15 मीटर पीछे हटते जा रहे हैं।

हिमनदों पर काम करने वाली दुनिया की सबसे बड़ी संस्था इंटरनेशनल कमीशन फॉर स्नो एण्ड आइस का दावा है कि हिमालय, आल्प्स, आर्कटिक और रूस के साइबेरियाई क्षेत्र की बर्फ इसी सदी के अन्त तक पिघल जायेगी। संस्था का मानना है कि समूचे हिमालय

के 46,298 ग्लेशियरों में से आधे संकट में है और इनका कुल 59406 वर्ग किलोमीटर का क्षेत्र तेजी से सिमट रहा है। भारत के सभी पाँच हजार ग्लेशियर भी पीछे खिसक रहे हैं।

हिमालयी ग्लेशियर के पिघलने और आयतन में कमी के कारण पहले भारत, चीन और नेपाल को बाढ़ का सामना करना पड़ेगा और इसके बाद सूखे के हालात पैदा हो जाएँगे। दुनिया भर के ग्लेशियरों के पिघलने के कारण समुद्र तल की ऊँचाई 0.2 से लेकर 0.4 मिलीमीटर तक प्रति वर्ष बढ़ रही है। वैज्ञानिक दावा कर रहे हैं कि 100 वर्षों में समुद्र तल की ऊँचाई 45 से 455 सेंटीमीटर बढ़ जाएगी। समुद्र तल की ऊँचाई को लेकर लगाए गए ये अनुमान अगर सटीक बैठते हैं तो 2050 तक संसार के सारे पहाड़ी ग्लेशियर अपने कुल आयतन का एक-चौथाई हिस्सा खो देंगे।

1992 में रियो शहर में पृथ्वी सम्मेलन में 160 देशों ने विश्व की जलवायु परिवर्तन पर हस्ताक्षर किये तथा दिसम्बर, 1997 में जापान में हुए क्योटो सम्मेलन में विश्व के कई देश कार्बन-डाइ-ऑक्साइड के स्तर को कम करने के लिए सहमत हुए, इसमें 160 देशों के अतिरिक्त 300 गैर सरकारी संगठनों ने भाग लिया था।

6. ऊर्जा संकट (Energy Crisis)—ऊर्जा का उपयोग वर्तमान विकास के युग में प्रगति का परिचायक बन गया है। अतः ऊर्जा के अधिकतम उपयोग की प्रतिस्पर्धा बढ़ती जा रही है, जिसके परिणामस्वरूप ऊर्जा संकट उत्पन्न हुआ है। विकास का आधार ऊर्जा उपभोग का माना जा रहा है कि जिस देश में जितनी अधिक ऊर्जा की खपत होती है उसे उतना ही अधिक विकसित माना जाता है। विश्व में सर्वाधिक ऊर्जा की खपत संयुक्त राज्य अमेरिका में होती है। यहाँ विश्व की 33 प्रतिशत ऊर्जा का खपत होती है। जबकि भारत में केवल 1.5 प्रतिशत ऊर्जा का उपभोग होता है। संसार में सबसे कम ऊर्जा की खपत नेपाल, बंग्लादेश और कुछ अफ्रीकी देशों में है। संसार के कुल ऊर्जा का 62 प्रतिशत जीवाश्मीय ईंधन का योगदान है। पेट्रोलियम उत्पाद तीव्र गति से घटते जा रहे हैं। बढ़ती उपभोग दर के आधार पर अगले 30 वर्षों में पेट्रोलियम समाप्त हो जायेगा। कोयला आगामी 160 वर्षों में तथा प्राकृतिक गैस 50 वर्षों में समाप्त हो जायेंगे। जल शक्ति कुल ऊर्जा का 20 प्रतिशत योग देती है।

उद्योगों, परिवहन तथा घरेलू उपयोग में ऊर्जा की बढ़ती माँग ने ऊर्जा संकट को बढ़ाया है। विगत 25 वर्षों में विश्व स्तर पर ईंधन का उपभोग दुगुना, तेल एवं प्राकृतिक गैस का उपयोग चौगुना बढ़ गया है। विश्व संसाधन संस्थान की 1992-93 की रिपोर्ट के अनुसार विश्व में विगत दो दशकों में ऊर्जा की खपत में 50 प्रतिशत की वृद्धि हुई। विश्व ऊर्जा खपत में कोयले का 31%, तेल का 41%, गैस का 23% तथा आणविक व जल-विद्युत का 5% योगदान पाया गया है।

पृथ्वी पर ऊर्जा का सबसे बड़ा स्रोत सूर्य है, सौर ऊर्जा, पवन ऊर्जा, जल ऊर्जा, जैव ऊर्जा, भूगर्भीय ताप ऊर्जा के गैर परम्परागत स्रोत हैं। बढ़ती ऊर्जा की माँग को मद्देनजर रखते हुए ऊर्जा के नये विकल्प स्रोतों की खोज के साथ ही ऊर्जा के गैर परम्परागत स्रोतों का विकास वर्तमान विश्व की आवश्यकता है। वर्षपर्यन्त सौर किरणें प्राप्त करने वाले स्थान पर सौर ऊर्जा का विकास किया जाये। सौर ऊर्जा मानव के हाथ में अक्षय ऊर्जा का स्रोत है। सौर ऊर्जा के समरूप ही वायु द्वारा भी ऊर्जा प्राप्त की जाती है। इस प्रकार इन विकल्पों का विकास करके ऊर्जा संकट से निजात पा सकते हैं।

भारत ने स्वतन्त्रता प्राप्ति के उपरान्त ऊर्जा क्षेत्र में उल्लेखनीय उपलब्धि हासिल की है। देश में 1950 ई. में मात्र 1713 मेगावाट ऊर्जा का उत्पादन होता था, जो बढ़कर वर्ष 1995-96 में 83287.96 मेगावाट हो गया, लेकिन बढ़ती माँग की तुलना में उत्पादन कम होने से ऊर्जा संकट उत्पन्न हुआ है। वर्तमान समय में भारत में विभिन्न स्रोतों से हो रहे ऊर्जा उत्पादन का विवरण निम्नलिखित है—

सारणी 3 : ऊर्जा के विभिन्न स्रोत एवं क्षमता

स्रोत	अनुमानित क्षमता/उपलब्धता
पारम्परिक स्रोत	
(1) तापीय ऊर्जा	77,968.53 मेगावाट (72.14%)
(2) जल ऊर्जा	29,500.23 मेगावाट (25.19%)
(3) आणविक ऊर्जा	2.720 मेगावाट (2.67%)
कुल	1,12,058.53 मेगावाट (100%)
अपारम्परिक स्रोत	
(1) बायोगैस संयंत्र	100 मेगावाट
(2) सामुदायिक गैस संयंत्र	1,628 मेगावाट
(3) सौर कुकर	4.7 लाख
(4) सौर ताप ऊर्जा प्रणाली मीटर (क्षेत्र)	8 लाख वर्ग मीटर
(5) सौर संयंत्र	60,000 वर्ग मीटर
(6) पवन ऊर्जा	2,483 मेगावाट
(7) लघु जल-विद्युत ऊर्जा	1,601.62

ऊर्जा की बढ़ती माँग को प्रबन्धित करने के लिए ऊर्जा के नवीन विकल्पों की खोज तथा अनुसंधान के साथ ही गैर-परम्परागत ऊर्जा स्रोतों का विकास किया जाना चाहिए। इसे मद्देनजर रखते हुए वर्ष 1982 में गैर पारम्परिक ऊर्जा स्रोत विभाग की स्थापना की गई।

7. जल संकट—विश्व में निरन्तर जल संकट बढ़ रहा है। नदी-नाले सिमटते जा रहे हैं। वनोन्मूलन के कारण ऊर्जा जल में मृदा से सम्बन्ध जोड़ लिया है, जबकि दुनिया के वैज्ञानिकों का एक बड़ा वर्ग जलवायु में हो रहे कुछ अवांछित परिवर्तनों को जल संकट का कारण मान रहा है। पृथ्वी पर कुल 140 करोड़ घन मीटर जल है। इसका 97.2 प्रतिशत लवणीय रूप में है। 1.6-2.15 प्रतिशत बर्फीली चोटियों एवं हिमनदों के रूप में जमा है।

सारणी 4 : विश्व जल सम्पदा का विवरण

	स्थान	जल का आयतन (घन किमी.)	कुल जल (प्रतिशत)
1.	महासागर	1,31,50,00,000	97.2
2.	वायुमण्डल	12,900	0.0001
3.	बर्फ छत्रक एवं हिमनद	2,90,00,000	2.150
4.	गम्भीरतर भूजल	83,00,000	0.61
5.	लवणीय झीलें एवं अन्तःस्थलीय सागर	1,40,0000	0.008
6.	मृदा जल एवं अगम्भीर भूजल	66,400	0.005
7.	नदियाँ एवं जलधारायें	1250	0.001
8.	अलवण जल झीलें	125,000	0.009

(**स्त्रोत :** राय पोपकिन, 1968)

संयुक्त राष्ट्र संघ द्वारा हाल ही में प्रकाशित आँकड़ों के अनुसार विश्व के विकासशील देशों की लगभग 12 करोड़ जनसंख्या स्वच्छ तथा पीने योग्य जल से वंचित है एवं इन देशों में प्रतिवर्ष 2 करोड़, 50 लाख लोगों की दूषित जल से मृत्यु हो जाती है। विश्व के केवल 75 प्रतिशत शहरी और 40 प्रतिशत ग्रामीण क्षेत्रों में ही स्वच्छ पेयजल उपलब्ध है। संयुक्त राष्ट्र के अनुसार यह संकट जल की मात्रा का न होकर उसके विवरण और गुणवत्ता का है। अधिकांश क्षेत्रों में ये संकट जल के बेतरतीब और अतिदोहन के कारण उत्पन्न हुआ है। विश्वव्यापी परिदृश्य के अनुसार जल संकट भयावह होता जा रहा है। विश्व के उन 25 देशों में से 19 अफ्रीकी देश हैं, जहाँ स्वच्छ पेयजल नहीं मिलता है, जबकि इस सम्पूर्ण महाद्वीप (अफ्रीका) में 40,000 करोड़ घन मीटर जल की वार्षिक उपलब्धता है लेकिन आधारभूत सुविधाओं, तकनीकी और वित्तीय अभाव के कारण केवल चार प्रतिशत जल का दोहन हो पाता है। सम्पूर्ण एशिया प्रायद्वीप में 13,000 करोड़ घन मीटर जल की वार्षिक उपलब्धता है। भारत में औद्योगिक सन्तुलन और समुचित प्रबंधन के अभाव में पानी की बर्बादी हो रही है। रूस का 90 प्रतिशत पानी समुद्र में बह जाता है।

सम्पूर्ण जल का 60 प्रतिशत जल औद्योगिक और नगरीय केन्द्रों में अतिदोहन के कारण गम्भीर भूजल संकट उत्पन्न हो गया है। एक सर्वेक्षण के अनुसार यूरोप की 245 नदियों का केवल 21 प्रतिशत जल ही जीवाणुगत प्रदूषण की दृष्टि से शुद्ध माना जा सकता है। अमेरिकी एवं कैरीबियाई देशों में विश्व का 13 प्रतिशत पानी उपलब्ध है, लेकिन यहाँ की अधिकांश नदियाँ प्रदूषित हैं। विश्व में जल की प्रति व्यक्ति उपलब्धता में भी असन्तुलन है। संयुक्त राज्य अमेरिका और कनाडा जल का सर्वाधिक इस्तेमाल करते हैं, जबकि दूसरी ओर जार्डन, बहरीन, लेबनान, फिलिस्तीन आदि पश्चिमी एशियाई देशों में प्रति व्यक्ति वार्षिक 1000 घन मीटर से भी कम जल उपलब्ध हो पाता है। एशिया में जहाँ 90 के दशक में प्रति व्यक्ति 444 घन मीटर जल वार्षिक रूप से उपलब्ध हुआ है। वहीं यह वर्ष 2015 तक घटकर 406 तथा वर्ष 2050 तक 397 घन मीटर तक पहुँच जाएगा। यूरोप में यह अनुपात 905 घन मीटर प्रति व्यक्ति प्रतिवर्ष से बढ़कर वर्ष 2015 में 1010, वर्ष 2050 में 1020 घन मीटर तक होने की सम्भावना है। स्पष्ट है कि जल संकट का कारण एवं निदान उसका उचित प्रबंधन है।

सारणी 5 : कुछ देशों में जल की उपलब्धता और उसका उपयोग

देश	उपलब्ध जल कुल (घन)	जल का उपयोग (घन मी./वर्ष)	विभिन्न देशों में उपयोग कुल घन (किमी)	प्रति व्यक्ति घन मी./वर्ष	घरेलू	उद्योग	कृषि
भारत	1850	2350	380.00	610	3	4	93
ऑस्ट्रेलिया	343	21300	17.80	1310	16	7	77
इंग्लैण्ड	180	2140	28.35	510	21	79	1
जर्मनी	76	1100	50.53	600	14	71	14
फ्रांस	170	3090	37.20	960	16	71	13
चीन	2800	2580	460.00	460	6	7	87
जापान	547	4480	107.80	920	17	33	50
अर्जेन्टीना	694	2203	27.60	1060	9	18	73
अमेरिका	2478	10230	472.00	2190	10	49	41
कनाडा	2901	111740	936.13	1500	18	70	11
दक्षिणी अफ्रीका	50	1470	9.20	400	15	0	83

जल के लिए युद्ध—विश्व बैंक के उपाध्यक्ष रहे इस्मालि सेरेगेल्डीन ने काफी पहले कहा था कि अगली सदी के युद्ध तेल नहीं बल्कि पानी के लिए हुआ करेंगे। उनकी यह बात काफी हद तक सही साबित हो रही है, क्योंकि इस समय विश्व में पाँच ऐसे स्थान हैं, जो पानी को लेकर तीखे विवाद कर चुके हैं। यह माना जा रहा है कि अगर जल्दी ही इन समस्याओं का निपटारा नहीं किया गया तो पानी को लेकर भी युद्ध शुरू हो जाएगा।

विश्व के गम्भीर जल विवाद

(1) अरब सागर का विवाद—अरब सागर विश्व का चौथा सबसे बड़ा जलाशय है। 1960 के दशक में इसके पानी की मात्रा पूर्व की अपेक्षा सिर्फ 1/3 रह गई हैं। यह इस सागर को पानी की आपूर्ति करने वाले अमूदरिया और सरदरिया का उपयोग रेगिस्तान में कपास की खेती के लिए किए जाने के कारण हुआ। अमू दरिया अफगानिस्तान, उज्बेकिस्तान और तुर्कमेनिस्तान देशों की पानी की माँग पूरी करता है। अगर अफगानिस्तान अपने विकास के लिए इस दरिया का अधिक उपयोग कर लेता है तो बाकी दोनों देशों में तनाव बढ़ने लगता है।

(2) सिंधु नदी का विवाद—सिंधु नदी कश्मीर से होकर बहती है। इसका कुछ क्षेत्र भारत के पास है तो कुछ पर पाकिस्तान का कब्जा है। इस नदी के पानी के बँटवारे को लेकर भी दोनों देशों में काफी विवाद रहा है। ऐसा माना जाता है कि दोनों देशों के बीच कश्मीर को लेकर जो तनाव है, वह इस समस्या को और बढ़ा सकता है।

(3) जार्डन नदी का विवाद—कई बार युद्ध भी पानी की आपूर्ति का सन्तुलन गड़बड़ कर देता है। ऐसा ही मध्य-पूर्व में हो रहा है, जहाँ होने वाले युद्धों के कारण इस नदी के पानी का बँटवारा प्रभावित होता रहा है। इजरायल ने जार्डन के बहाव वाले क्षेत्र गोलन पहाड़ियों (सीरिया) और बेका (लेबनान) पर कब्जा कर लिया है और इस नदी के 80% पानी का उपयोग इजरायल कर रहा है, जबकि फिलिस्तीन को सिर्फ 20% पानी दिया जाता है। जार्डन को पानी की आपूर्ति भी इसी नदी से होती है।

(4) टिगरिस और फरात नदी का विवाद—टिगरिस और फरात नदी तुर्की से होकर बहती है। तुर्की ने इस पर बाँध बनाए हैं, जिसके चलते इसके जलस्तर में काफी कमी आई है। इस नदी पर ही इराक और सीरिया की भी जल व्यवस्था निर्भर करती है। इराक व सीरिया तुर्की पर जलस्रोत के बँटवारे के समझौते का उल्लंघन करने का आरोप लगाते रहे हैं।

(5) नील नदी का विवाद—नील नदी के पानी को लेकर मिस्र, सूडान और इथोपिया में विवाद होते रहे हैं। ऐसा माना जा रहा है कि अगर अफ्रीकी देशों की जनसंख्या में वृद्धि होती रही, तो जल को लेकर युद्ध होने की सम्भावना बढ़ जायेगी।

नेशनल इनवायरमेण्टल इंजीनियरिंग रिसर्च इंस्टीट्यूट नागपुर के एक सर्वेक्षण के

अनुसार भारत में उपलब्ध जलाशयों का 70 प्रतिशत भाग पीने योग्य नहीं है। हमारे देश में जल की पर्याप्त उपलब्धता तो है, लेकिन प्रति व्यक्ति का उपयोग बहुत कम है। भारत में प्रति व्यक्ति जल का उपयोग मात्र 610 घन मीटर प्रतिवर्ष है, जबकि आस्ट्रेलिया, अर्जेन्टीना, संयुक्त राज्य अमेरिका और कनाडा में यह 1000 घन मीटर प्रतिवर्ष से भी अधिक है। भारत में सतही जल के अतिरिक्त भूजल का भी अतिदोहन हो रहा है। सतही जल की अपेक्षा यह जल कम खर्चीला और अधिक गुणवत्ता वाला होता है। ऐसा अनुमान लगाया जाता है कि भारत के लगभग 452 वर्ग किलोमीटर क्षेत्र में भूमिगत जल का विस्तार है। हमारे देश में प्रतिवर्ष 43.13 मिलियन हेक्टेयर मीटर भूजल का प्रयोग किया जाता है। जिसमें से 38.08 मिलियन हेक्टेयर मीटर कृषि कार्य में तथा 7.09 मिलियन हेक्टेयर मीटर उद्योगों एवं घरेलू उपयोग में उपयोग लिया जा रहा है।

भूमिगत जल गतिशील एवं पुनः पूर्ति वाला संसाधन है जिसकी पूर्ति वर्षा की मात्रा पर प्रत्यक्ष रूप से निर्भर है।

सारणी 6 : भारत में भूजल संसाधन का विवरण

	पुनः पूर्ति योग्य भूजल की मात्रा (मिलियन हेक्टेयर मीटर वर्ष)			
राज्य	**कुल मात्रा**	**घरेलू एवं औद्योगिक उपयोग हेतु उपलब्ध**	**कृषि कार्य हेतु उपलब्धता**	**भूजल विकास का स्तर (प्रतिशत में)**
1	2	3	4	5
आन्ध्र प्रदेश	3.52	0.52	2.10	23.6
अरुणाचल प्रदेश	0.14	0.02	0.12	—
आसाम	2.47	0.37	2.10	4.5
बिहार	3.35	0.50	2.84	19.2
गोवा	0.02	0.003	0.01	8.3
गुजरात	2.03	0.30	1.73	41.5
हरियाणा	0.85	0.12	0.72	83.9
हिमाचल प्रदेश	0.03	0.007	0.03	18.1
जम्मू-कश्मीर	0.04	0.06	0.37	1.3

निरन्तर ...

... निरन्तर

1	2	3	4	5
कर्नाटक	1.61	0.24	0.37	32.2
केरल	0.79	0.13	0.65	15.3
मध्य प्रदेश	5.08	0.76	4.32	16.5
महाराष्ट्र	3.78	1.24	2.24	30.4
मणिपुर	0.31	0.05	0.27	बहुत कम
मेघालय	0.05	0.008	0.05	बहुत कम
मिजोरम	उपलब्ध नहीं	—	—	—
नगालैण्ड	0.07	0.01	0.06	बहुत कम
उड़ीसा	2.00	0.03	1.70	8.4
पंजाब	1.86	0.18	1.68	83.8
राजस्थान	1.27	0.20	1.07	50.6
सिक्किम	उपलब्ध नहीं	—	—	—
तमिलनाडु	2.63	0.40	2.24	60.4
त्रिपुरा	0.06	0.01	0.05	33.4
उत्तर प्रदेश	8.38	1.26	7.12	37.6
पं. बंगाल	2.30	0.34	1.96	24.2
केन्द्र-शासित प्रदेश	0.04	0.02	0.007	15.5
सम्पूर्ण भारत	43.18	7.09	38.08	31.02

स्रोत : योजना जुलाई, 2008 पृष्ठ 14

समस्या का निराकरण—अन्तर्राष्ट्रीय स्तर पर संयुक्त राष्ट्र पर्यावरण और विकास सम्मेलन द्वारा जारी किये गये एक एजेंडा-21 में ही मीठे पानी के संसाधनों के संरक्षण एवं प्रबंधन का विशेष अध्ययन जोड़ा गया है जिसे लागू करने पर वर्ष 1993 से 2000 के दौरान प्रतिवर्ष 5480 करोड़ डॉलर की राशि सहायता स्वरूप उपलब्ध की जानी थी। वर्ष 1999 में स्टाकहोम में सम्पन्न जल-सम्मेलन में वर्षा जल को संचित करने पर विशेष बल दिया गया है। वर्तमान समय में अन्तर्राष्ट्रीय स्तर पर निम्नलिखित टिकाऊ जल विकास कार्यक्रम चलाएं जा रहे हैं—

(i) अन्तर्राष्ट्रीय जल और टिकाऊ कृषि विकास कार्यक्रम (F.A.D.)।

(ii) जल आपूर्ति और स्वच्छता कार्यक्रम (W.H.O.)।

(iii) सिंचाई और जल विकास में अन्तर्राष्ट्रीय प्रौद्योगिक अनुसंधान कार्यक्रम (विश्व बैंक)।

(iv) रोगवाहकों के नियन्त्रण प्रबन्ध पर विशेषज्ञों का दल (W.H.O.)।

(v) जल प्रदूषण पर नियन्त्रण।

(vi) जल प्रबन्धन में जनभागीदारी की भूमिका को महत्त्व देना।

(vii) अतिप्रदूषित जल क्षेत्रों तथा तनावग्रस्त नदियों की विशेष सुरक्षा व्यवस्था।

(viii) औद्योगिक क्षेत्रों में समुचित नियन्त्रण एवं पुनः प्रयोग को प्रोत्साहन।

(ix) कृषि घरेलू व उद्योगों के हानिकारक अपशिष्टों का विसर्जन जलस्रोतों में नहीं किया जाना चाहिए।

(x) जल निकायों (तालाब आदि) के चारों ओर पक्के घाट बनाने चाहिए ताकि वर्षा के दौरान मृदा कटाव न हो।

(xi) जल का आनुपातिक दोहन किया जाये न कि अतिदोहन।

(xii) पारम्परिक जल संरक्षण की विधियों को अपनाना चाहिए। इनमें हिमालय क्षेत्र के कुहल, मेघालय की बाँस की नालियों की व्यवस्था, नागालैण्ड की जाबो प्रणाली, बिहार की आहार पाइन प्रणाली, थार क्षेत्र के कुण्ड, टाँके, तालाब, बावड़ियाँ, महाराष्ट्र के बँधारे, कर्नाटक के अराककोरे, तमिलनाडु के ईरी आदि प्रणालियों को संरक्षण प्रदान कर विकास किया जाना चाहिए।

(xiii) जनसंख्या वृद्धि का स्थानीयकरण एवं नियन्त्रण।

(xiv) समाकलित भूमि अनुप्रयोग।

(xv) जल प्रबंधन।

(xvi) वैकल्पिक ऊर्जा स्रोतों का विकास।

इस प्रकार यदि विभिन्न प्रबंधन तकनीकों एवं विधियों को नहीं अपनाया गया तो यह जल संकट और अधिक विकराल हो जाएगा। अतः जल संकट से उबरने के लिए अन्तर्राष्ट्रीय-राष्ट्रीय स्तर पर विभिन्न सरकारी एवं गैर-सरकारी संगठनों द्वारा भी प्रयास किये जाने चाहिए।

❑❑❑

4

आपदा प्रबंधन

पृथ्वी पर प्रत्येक स्थिति में कहीं-न-कहीं किसी-न-किसी रूप में आपदाएँ उत्पन्न हो रही हैं। जल के अभाव में भीषण सूखा पड़ता है, तो जलाधिक्य की स्थिति में बाढ़ की स्थिति बन जाती है, जैसे पश्चिमी भारत में भीषण सूखा पड़ रहा है तथा पूर्वी भारत में बाढ़ की स्थिति बन रही है। इसी प्रकार असन्तुलन की स्थिति में भूकम्प एवं भूस्खलन जैसी घटनाएँ परिलक्षित हो रही हैं। वर्षों से असन्तुलन अवस्था में चल रहे मानसून को नूतन वर्षों में उत्पन्न अलनीनो प्रभाव ने प्रभावित किया हैं, जिस कारण दक्षिणी-पूर्वी एशिया के अनेक स्थानों को सूखे की स्थिति का सामना करना पड़ रहा है। पृथ्वी पर समतल एवं उर्वर क्षेत्रों में भी आपदापन्न घटनाएँ होने लगी हैं। समतल क्षेत्रों में सघन कृषि करने के लिए भूजल संसाधन का अन्धाधुंध दोहन किया जा रहा हैं जिससे भयंकर जल संकट उत्पन्न हो रहा है तथा ऐसी स्थिति में दूसरी आपदाओं की तीव्रता बढ़ जाती हैं। राजस्थान के विभिन्न भागों में नलकूप लगवाकर भूजल का अतिदोहन किया जा रहा है। जिसके दुष्परिणाम आने वाले समय में भूकम्प जैसी भीषण प्राकृतिक आपदा के रूप में सहन करने पड़ सकते हैं। दोहन के अनुपात में भूजल का पुनर्भरण न होने पर आन्तरिक चट्‌टानों में तनाव व फैलाव उत्पन्न होता है तथा चट्टानों में दरारे आ जाती हैं। जिसके फलस्वरूप भूजल के परस्पर एक-दूसरे जलभरे से संचरित होने पर भूगर्भिक असन्तुलन उत्पन्न हो सकता है तथा साथ ही चट्टानों के टकराने की सम्भावनाएँ बनी रहती हैं।

प्राकृतिक आपदाओं के उत्पन्न होने में मनुष्य का भी काफी सहयोग है। तीव्र औद्योगीकरण एवं नगरीकरण के चलते हम अनेक रूपों में प्रकृति को विकृत कर रहे हैं, जिनके परिणाम हमें प्राकृतिक आपदा के रूप में सहने पड़ेंगे। जैसे मनुष्य तीव्र आर्थिक विकास के लिए अन्धाधुंध वनोन्मूलन कर रहा है, विभिन्न प्रकार के प्रदूषणों को जन्म दे

रहा है। अतः औद्योगिक प्रक्रिया से निःसृत विभिन्न ताप अवशेषी गैसों के कारण हरित गृह प्रभाव उत्पन्न हो रहा है तथा हरित गृह प्रभाव के कारण बढ़ने वाले तापमान का परिणाम पृथ्वी पर स्थित विशाल हिमराशि के पिघलने के रूप में भुगतना पड़ेगा, जिस कारण अनेक तटवर्ती क्षेत्र जलमग्न हो जायेंगे। भूगर्भशास्त्रियों के अनुसार मिस्र व बांग्लादेश की 20 प्रतिशत तटीय उपजाऊ भूमि जलमग्न हो जायेंगे। साथ ही मुम्बई तथा लंदन जैसे शहरों को भी भाषण संकट का सामना करना पड़ेगा।

प्रकृति में भूकम्प, ज्वालामुखी उद्‌गार, बाढ़, सूखा, चक्रवात, हरिकेन, टारनैडो, टाइफून, भूस्खलन, हिमस्खलन, बादल फटना आदि समय-समय पर अपना प्रभाव डालते रहते हैं। इन क्रियाओं के प्रकोप से मानव तथा अन्य जीव-जन्तु प्रभावित होते हैं, विगत दशकों में देश के लगभग सभी भागों में महाविपत्तिकारी घटनाएँ घटीं। विकास गतिविधियों की अनियंत्रित दौड़ में प्राकृतिक वातावरण को काफी क्षति पहुँचायी जा रही है, जिस कारण देश के अनेक क्षेत्रों में प्राकृतिक एवं मानवीय ताकतों की त्रुटियों के मिले-जुले घातक असर की सम्भावनाएँ बढ़ रही हैं।

सभी प्रकार के संकटों एवं आपदाओं के उत्पन्न होने में जहाँ एक ओर प्रकृति के साथ मानव भी प्रत्यक्ष-अप्रत्यक्ष रूप से सहयोग कर रहा है, वहीं उसका प्रत्यक्ष तथा अप्रत्यक्ष भार भी मानव जाति को सहन करना पड़ता है। अतः इन आपदाओं के प्रबन्ध की आवश्यकता महसूस की गई जिसके तहत इन समस्याओं के व्यवस्थित कार्यक्रम को तर्कसंगत बनाना समय की माँग है। मानव एवं प्रकृति के मिले-जुले असर के रूप में जनसंख्या वृद्धि, संसाधनों के ह्रास का संकट, बढ़ती आर्थिक विषमताएँ आदि के साथ विज्ञान एवं तकनीकी विकास के ऐसे कारक हैं, जिन्हें प्राकृतिक आपदाओं के प्रति संवेदनशीलता के लिए उत्तरदायी माना जाता है। प्राकृतिक आपदा प्रबंधन के निम्नलिखित तीन चरण होते हैं—

1. आपदाओं के आने का पूर्वानुमान लगाना।
2. आपदा आने के उपरान्त तुरन्त राहत सामग्री पहुँचाना।
3. आपदाओं के रोकथाम के त्वरित उपाय करना तथा कुछ सीमा तक समायोजन के उपाय करना।

आपदा प्रबन्धन हेतु चरणबद्ध योजनाएं

आपदा प्रबन्धन योजना के निम्नलिखित चरण होते हैं—

1. आपदा रोकथाम के प्रारम्भिक उपाय।
2. आपदा का प्रभाव कम करना।
3. आपदा से निपटने की तैयारी।

4. आपदा राहत एवं पुनर्वास तथा

5. आपदा एवं विकास।

1. आपदा रोकथाम के प्रारम्भिक उपाय—आपदा की रोकथाम के उपायों में वे सभी कार्य सम्मिलित हैं, जो किसी प्राकृतिक प्रकोप को आपदा में परिवर्तित होने से रोकने के लिए किए जा सकते हैं। यह स्पष्ट है कि समुद्री तूफान, बाढ़ और हिमस्खलन जैसे प्राकृतिक खतरों को रोकने के लिए कुछ नहीं किया जा सकता, लेकिन उनके आपदाकारी प्रभावों को रोकने के लिए प्रारम्भिक प्रयास किये जा सकते हैं।

2. आपदा का प्रभाव कम करना—आपदा का प्रभाव कम करना आपदा प्रबन्धन योजना का अहम हिस्सा है। इसके अन्तर्गत उन सभी उपायों को सम्मिलित किया जाता है, जिनसे किसी क्षेत्र के लोगों को आपदा से यथासम्भव बचाने में मदद मिलती है। प्रभाव कम करने की आधारभूत नीतियों में भूमि-उपयोग को नियन्त्रित करना, आपदा प्रतिरोधी आदर्श भवनों का निर्माण करना, सामुद्रिक गतिविधियों को नियन्त्रित करना, भवन निर्माण सम्बन्धी उपयुक्त संहिता एवं भवनों के वास्तुशिल्प सम्बन्धी डिजाइन तैयार करना तथा चट्टानों को गिरने से रोकने के लिए अवरोधक खड़े करना आदि उपाय सम्मिलित हैं।

इनके अतिरिक्त जलग्रहण प्रबन्धन, श्रेणियों में सुधार, फसल चक्र, पशु प्रबंधन मृदा और प्राकृतिक संरक्षण प्रविधियाँ भी आपदाओं का प्रभाव कम करने में महत्त्वपूर्ण सहयोग करती हैं। गैररचनागत उपायों में आपदाओं से रक्षा करने के लिए पर्याप्त कानून, नियम और उपनियम, बीमा एवं ऋण योजनाएँ, शिक्षा और प्रशिक्षण कार्यक्रम, स्वयं सहायता समूहों को सक्रिय बनाना, उपयुक्त चेतावनी प्रणाली और संस्थाओं की स्थापना जैसे आदि उपाय सम्मिलित हैं।

3. आपदा से निपटने की तैयारी—आपदाओं से निपटने की तैयारी सम्बन्धी उपाय निश्चय ही राष्ट्रीय आपदा तैयारी योजना के तैयारी में आने चाहिए और साथ ही विशेष आपदा की स्थिति में केन्द्र, राज्य, जिला और खण्ड स्तर पर अल्प एवं दीर्घ अवधि की योजनाएँ बनाई जानी चाहिए। बाढ़, सूखा, तूफान और भूकम्प जैसी आपदाओं से निपटने के लिए अलग-अलग आपात-योजनाएँ, तथा राहत योजनाएं बनायी जानी चाहिए।

4. आपदा राहत एवं पुनर्वास—आपदाग्रस्त क्षेत्र में आपदा के स्वरूप एवं सहने की क्षमता अनुसार राहत एवं पुनर्वास के कार्यक्रम चलाए जा सकते हैं। आपदा के उपरान्त सहायता की आवश्यकता, प्रकार, मात्रा तथा अवधि का निर्धारण करने में सहायता मिलती है।

5. आपदा एवं विकास—आपदाओं का प्रत्यक्ष सम्बन्ध विकास से होता है। जनहानि के अतिरिक्त अनेक ऐसी क्रियाएँ या तो मन्द हो जाती हैं या विनष्ट हो जाती हैं, जो विकास में अपनी महत्त्वपूर्ण भूमिका निभाई है। आपदा से होने वाली क्षति विकास में

बाधा बनती है। वर्तमान में भारत आपदाओं से निपटने के लिए विश्व मंच पर उच्च मापदण्ड पर निम्नलिखित कार्य कर रहा हैं—

(i) आपदा प्रबन्धन के बारे में उच्च स्तरीय समिति—प्रधानमंत्री की पहल पर एक आपदा प्रभावित कार्यों हेतु एक उच्च स्तरीय समिति का गठन वर्ष 2003 में हुआ जिसके अध्यक्ष सरकार के पूर्व इस समिति को राष्ट्रीय राज्य और जिला स्तर पर आपदा प्रबन्धन की योजना बनाने के मुद्दे पर विचार करने की जिम्मेदारी सौंपी गई। इस समिति के अन्तर्गत आपदा प्रबन्धन की योजना बनाने के विभिन्न पक्षों पर विचार के लिए पाँच उपसमूह बनाये गए। ये पानी और जलवायु से सम्बन्धित जोखिमों, भू-वैज्ञानिक खतरों, औद्योगिक आपदाओं, पर्यावरणीय दुर्घटनाओं से उत्पन्न आपदाओं और जैविक आपदाओं के सम्बन्ध में जानकारी रखेंगे।

(ii) राष्ट्रीय आपदा प्रबन्धन समिति का गठन—इस समिति के अध्यक्ष प्रधानमन्त्री होते है। इस समिति में राष्ट्रीय आपदा प्रबन्धन केन्द्र और राज्यों के राजनीतिक दलों के प्रतिनिधि भी इसमें शामिल रहते हैं, समिति को देश में वर्तमान आपदा प्रबन्धन तन्त्र को सुदृढ़ करने के उपाय सुझाने की जिम्मेदारी सौंपी गयी है।

(iii) संयुक्त राष्ट्र विकास कार्यक्रम की योजना—यह आपदा प्रबन्धन की क्षमता को बढ़ाने के लिए बनायी गयी योजना है जिसमें संयुक्त राष्ट्र संघ व भारत सरकार साथ काम करेंगे। इसका उद्देश्य राष्ट्रीय स्तर पर तथा देश के सर्वाधिक जोखिम वाले क्षेत्रों में समुदाय आधारित और महिलाओं पर विशेष रूप से ध्यान रखते हुए आपदा का दुष्प्रभाव कम करने के उपाय सुझाना है। यह योजना इस तरह से बनायी गई है जिससे कि प्राकृतिक आपदाओं की अधिक आशंका वाले राज्यों को मदद दी जा सके।

(iv) जोखिम का आकलन और इमारतों की संवेदनशीलता का मूल्यांकन—शहरी विकास मन्त्रालय की पहल से पूरे भारत के बारे में जोखिम सम्बन्धी सूचनाएँ देने वाला एक पोर्टल बनाया गया है। इसमें देश के राज्यों और केन्द्रशासित प्रदेशों में भूकम्प, समुद्री तूफान और बाढ़ आदि के खतरे वाले स्थानों के बारे में जानकारी दी गई है। इस मानचित्रावली में जिलों की सीमाएँ स्पष्ट रूप से प्रदर्शित की गयी है, जिससे जोखिम की प्रचण्डता के अनुसार क्षेत्रों की स्पष्ट पहचान की जा सके।

(v) नूतन सूचना तकनीकी का समावेश—आपदा प्रबन्धन के बारे में भारत ने नोडल मंत्रालय के प्राकृतिक आपदाओं से उत्पन्न स्थिति से निपटने के लिए विभिन्न प्रकार की अत्याधुनिक तकनीकी के उपयोग को बढ़ाने पर जोर दिया है। इनमें दूर-संवेदन, भौगोलिक सूचना प्रणाली, ग्लोबल पोजीशनिंग सिस्टम (जी.पी.एस.), कम्प्यूटर मॉडलिंग और एक्सपर्ट सिस्टम और इलेक्ट्रॉनिक सूचना प्रबन्धन प्रणाली आदि सम्मिलित हैं। आपदा नियन्त्रण कक्षों के आधुनिकीकरण के लिए जोर-शोर से प्रयास जारी है ताकि उन्हें अधिक कारगर तथा समाज के लिए अनुकूल बनाया जा सके।

(vi) आपदा प्रभावों के मूल्यांकन की व्यवस्था—भारत एक ऐसा देश है जो राष्ट्रीय कार्यक्रम के अन्तर्गत सूखे, बाढ़ व चक्रवात, सुनामी आदि के प्रभाव के आकलन के लिए अन्तरिक्ष टेक्नोलॉजी का उपयोग कर रहा है। अन्तरिक्ष विभाग ने अन्तरिक्ष टेक्नोलॉजी का उपयोग करके देश के बाढ़, सूखे और चक्रवात की आशंका वाले क्षेत्रों में निगरानी तथा स्थिति का फौरन आकलन कर रहा है।

(vii) आपदा चेतावनी प्रणाली—चक्रवात, सुनामी बाढ़ एवं सूखा आदि आपदाओं की चेतावनी शीघ्रता से और सीधे देने वाली यह प्रणाली इनसैट उपग्रह के माध्यम से संचालित की जाती है। आपदा चेतावनी प्रणाली तटवर्ती इलाकों में कार्य कर रही है। छोटी प्रशासनिक इकाइयों के सेट लगाये गये है। आपदा चेतावनी सेट राज्यों और इन क्षेत्रों के जिला स्तर के मुख्यालयों में भी स्थापित किए गए हैं। पिछले कुछ वर्षों में आपदा चेतावनी प्रणालियाँ चक्रवात के लिए सफल और कारगर साबित हुई हैं।

(viii) मानव संसाधन विकास योजना—मानव संसाधन विकास क्षमता निर्माण का एक महत्त्वपूर्ण पहलू है जिसमें आपदा से निपटने के लिए प्रबन्धन कार्य में विभिन्न भूमिकाएँ निभाने वाले शामिल रहते हैं। भारत में आपदाओं का असर कम करने और उनके प्रबन्धन के बारे में केन्द्र/राज्य सरकारों के विभिन्न मंत्रालयों, प्रशिक्षण संस्थानों, स्वायत्त संगठनों और विश्वविद्यालयों के साथ मिलकर प्रशिक्षण पाठ्यक्रम, कार्यशालाएँ, सेमिनार और अनुसंधान आदि गतिविधियाँ संचालित की जा रही है।

(ix) आपदा कार्यवाही के त्वरित कार्यक्रम—आपदा के बाद आपात कार्यवाही की क्षमता बढ़ाने के कार्यक्रमों की आवश्यकता लगातार रही है। खोज और बचाव कार्य के लिए अधिक-से-अधिक संगठनों के लोगों को प्रशिक्षण देकर सक्षम बनाना आवश्यक है। इन संगठनों में सशस्त्र बल, अर्धसैनिक बल, सिविल डिफेंस, केन्द्र और राज्य सरकारों के कर्मचारी, गैरसरकारी संगठनों और जनता के प्रतिनिधियों के अलावा आपदा प्रबन्धन कार्य बलों/इकाइयों के कर्मी शामिल हैं। क्षमता सृजन की एक क्षेत्रीय परियोजना एशियाई आपदा तैयारी केन्द्र बैंकॉक ने भारत, नेपाल, इण्डोनेशिया और फिलीपाइन्स जैसे देशों में शुरू की है। भारत सरकार एक विशिष्ट आपदा कार्यवाही इकाई गठित करने के प्रस्ताव पर विचार कर रही है।

आपदा क्षति का संग्रह एवं पूर्वानुमान आपदा के कारगर प्रबंधन में सहायक हो सकते हैं। आपदा मानचित्र तैयार करना भी उन सर्वाधिक कारगर उपायों में से एक है जिनमें आपदा प्रबन्ध के विभिन्न पहलुओं के बारे में आँकड़े एकत्र कर, उनका विश्लेषण किया जा सकता है। आपदा की आशंका वाले प्रमुख क्षेत्रों के मानचित्र तैयार किए जा सकते हैं, जिनमें भूकम्पीय गतिविधियों वाले क्षेत्रों, लघु स्तर पर औद्योगिक क्षेत्रों, भूमि उपयोग की योजना तथा प्राकृतिक भूगोल, जल विज्ञान, भू-विज्ञान, जनसंख्या वितरण के बारे में स्थानीय आँकड़ों का विश्लेषण तथा आपदा की आशंका वाले क्षेत्रों का सामाजिक-आर्थिक स्वरूप आदि तथ्यों को रेखांकित किया जा सकता है।

आपदा की आशंका वाले क्षेत्रों में उपग्रह आधारित विश्वसनीय एवं बेजोड़ संचार प्रणाली का विकास किया जा सकता है। इस दिशा में भारत में प्रयास किया गया है, जिसे आपदा चेतावनी प्रणाली का नाम दिया है। अब हवा में न्यून दबाव वाले क्षेत्रों का 72 घण्टे पहले पता लगाया जा जा सकता है। आपदाओं का पहले से ही कारगर प्रबन्ध करने के लिए हमारे पास एक समुचित, विश्वसनीय और समयानुकूल आगाह करने वाली चेतावनी प्रणाली होनी चाहिए, जो विश्वसनीय पूर्वानुमानों के आधार पर सम्भव हो सकती है। सही-सही पूर्वानुमान केवल उन्हीं आपदाओं के बारे में व्यक्त किया जा सकता है, जिनके बारे में पूर्वसूचनाएँ मिल सकें।

सार्वजनिक सूचना नीति को बेहतर बनाने की आवश्यकता है साथ ही आपदा प्रबन्धन कार्यक्रमों पर निगरानी रखने के लिए एक संगठनात्मक व्यवस्था को मजबूत बनाना एक अन्य महत्त्वपूर्ण क्षेत्र है, जिस पर ध्यानाकर्षित किया जाना चाहिए। विश्वव्यापी प्रकोप तथा आपदाओं एवं पर्यावरणीय दशाओं में व्यापक परिवर्तनों का मापन एवं निगरानी आपदा प्रबन्ध के महत्त्वपूर्ण घटक हैं, जो राष्ट्रीय एवं अन्तर्राष्ट्रीय दोनों स्तर पर विभिन्न संस्थाओं, अभिकरणों एवं विभागों द्वारा किया जा रहा है।

राष्ट्रीय संगठन एवं अभिकरण

1. शासकीय मन्त्रालय और विभाग

   (i) भारतीय मौसम विभाग अपने 4000 निगरानी केन्द्रों द्वारा सूखा, वर्षा, चक्रवात तथा फसलों के बारे में अनुमान लगाता है।

   (ii) राष्ट्रीय संकट प्रबन्ध समिति।

   (iii) राष्ट्रीय प्रबन्ध समूह।

   (iv) कृषि मंत्रालय।

   (v) जल संसाधन मंत्रालय (बाढ़ पर नजर रखता है)।

   (vi) स्वास्थ्य मंत्रालय।

   (vii) रेल मंत्रालय।

   (viii) पर्यावरण मंत्रालय।

   (ix) आणविक ऊर्जा मंत्रालय।

   (x) सूचना एवं प्रसारण मंत्रालय तथा

   (xi) अंतरिक्ष विभाग (सैटेलाइट 'इनसेट-बी' के द्वारा सूखा, बाढ़ तथा बदले मौसम पर निगरानी रखता है)।

2. शैक्षिक और प्रशिक्षण संस्थान।
   (i) भारतीय लोक प्रशासन संस्थान।
   (ii) इंदिरा गाँधी राष्ट्रीय मुक्त विश्वविद्यालय।
   (iii) यशवन्त राव चौहान विकास प्रशासन अकादमी।
   (iv) रूढ़की विश्वविद्यालय।
   (v) इण्डियन इंस्टीट्यूट ऑफ इकोलॉजी एण्ड एन्वायर्नमेंट, नई दिल्ली।
   (vi) पुणे विश्वविद्यालय, पुणे तथा
   (vii) सिक्किम मनीपाल विश्वविद्यालय।
3. अनुसंधान संगठन
   (i) वन अनुसंधान संस्थान।
   (ii) रक्षा अनुसंधान और विकास संगठन तथा
   (iii) विज्ञान एवं पर्यावरण केन्द्र।
4. वैज्ञानिक एवं तकनीकी संगठन
   (i) वैज्ञानिक और औद्योगिक अनुसंधान परिषद् तथा
   (ii) भारतीय अंतरिक्ष अनुसंधान संगठन (ISRO)।
5. गैर-सरकारी संगठन
   (i) आपदा शमन संस्थान, अहमदाबाद।
   (ii) बाढ़ मुक्त अभियान तथा
   (iii) कल्पवृक्ष पुणे।

आगामी रूपरेखाएँ

प्राकृतिक आपदाओं के वर्गीकरण सुगमता की दृष्टि से भू-आपदा तथा मौसम सम्बन्धी आपदाओं के रूप में किए जाते हैं। व्यावहारिकता में इनके मिले-जुले रूप अधिक होते हैं। भूस्खलन की घटनाएँ, उदाहरण के रूप में, घनघोर वर्षा के कारण अथवा उष्ण कटिबंधीय क्षेत्रों में तूफानी हवाओं के कारण तीव्र प्रकृति की बन जाती हैं। कभी-कभी इस वर्गीकरण की विभाजन रेखाएँ भी स्पष्ट नहीं रहती। जैसे—हिमपात की घटनाएँ भूगर्भीय गतिविधियों में एवं मौसम दोनों से ही प्रभावित होती हैं।

विशिष्ट प्राकृतिक आपदाओं के चयन से सम्बन्धित आधारभूत तथ्य इस प्रकार हैं—

1. 20 से अधिक परिवारों की आर्थिक क्षति जो 50,000 डॉलर से अधिक होती है। इनमें उत्पादन के रुक जाने से उत्पन्न क्षति एवं आपदा निवारण कार्यक्रमों के व्यय भी सम्मिलित किए गए हैं।

2. सामाजिक सेवाओं के व्यवधान—इनमें संचार माध्यमों एवं व्यवधान एवं आवश्यक-सेवा-सुविधाओं में उत्पन्न अभावों की बात है।

3. आकस्मिक रूप से उत्पन्न घटनाएँ जिसके कारण अनेकानेक सेवा-सुविधाओं की व्यवस्था प्रभावित होती हैं। जैसे आपदा की स्थिति में अग्निशमन सेवाएँ, चिकित्सा सुविधाएं तथा अन्य विशेषज्ञों की सेवाएँ प्रभावित होती हैं।

4. घटनाएँ जिनमें 1.0 व्यक्तियों की मृत्यु होती है अथवा 50 या अधिक व्यक्ति आहत होते हैं। प्राकृतिक आपदाओं के संदर्भ में विभिन्न समुदायों की संवेदनशीलता भिन्न-भिन्न होती हैं।

क्षति के मूल्यांकन भी सामान्य रूप से सभी समुदायों के लिए एक से नहीं रहते। उदाहरण के लिए 'सुनामी' लहरों के प्रभाव यदि 5 व्यक्तियों की मृत्यु हो जाती है, मछुआरों की नावें टूटकर क्षतिग्रस्त हो जाती हैं तो इसे आपदा की श्रेणी में नहीं रखा जा सकता है, लेकिन समुदाय में तात्कालिक प्रभाव एवं दीर्घकालीन प्रभाव उन्हें अवश्य प्रभावित करते हैं।

सारणी 1 : प्राकृतिक आपदाओं की आवृत्ति एवं जीवन क्षति (प्रति घटना में)

	आपता के आवर्तन	प्रतिशत आवर्तन	जीवन क्षति (प्रति घटना में)
भूगर्भीय आपदा			
भूस्खलन	20	2.7	190
सुनामी	10	1.0	856
ज्वालामुखी	18	1.7	525
भूकम्प	161	15.2	2652
मौसम संदर्भित आपदाएँ			
चक्रवात	2	19.9	2,373
टोरनेडो	127	12.0	65
बाढ़	343	32.3	571
उष्णता की लहर	22	2.1	315
आँधी तूफान	36	3.4	527
योग (औसत)	1062	100,0	1140

भू आपदाओं की तीव्रता के मापन क्षतिग्रस्त समुदायों के विचार से होने चाहिए, अधिक क्षति एवं मृत व्यक्तियों की संकल्पना से वास्तविक प्रभावों के चित्र नहीं स्पष्ट होते हैं।

भूआपदाओं की महत्ता अन्तर्गत क्षेत्रीय एवं भूमंडलीय प्रभावों के मापन एवं जन-हानि, सम्पत्ति क्षति के मापन भी सम्मिलित हैं। इन सभी स्थितियों में उपलब्ध आँकड़ों के आधार पर संकल्पनाएँ की जाती हैं। आँकड़ों की पर्याप्तता के रहते हुए भी अनुमानों की सामान्य रूपरेखा अवश्य इनके आधार पर निर्मित की जाती हैं।

भूमंडलीय एवं क्षेत्रीय मापदंड

भू-आपदाओं की तीव्रता का मापन निम्नलिखित आधारों पर किया जा सकता हैं—

(i) कम-से-कम 28 लाख डॉलर से अधिक आर्थिक क्षति।

(ii) कम-से-कम 100 व्यक्तियों की मृत्यु अथवा

(iii) कम-से-कम प्रभावित व्यक्तियों की संख्या 1000 होनी चाहिए।

प्रकृति की आपदाओं की संकल्पना में सूखे की स्थिति सामाजिक एवं आर्थिक दृष्टि से सर्वाधिक अस्त-व्यस्तता उत्पन्न करती है लेकिन आपदाओं की संकल्पना में उसकी स्थिति महत्त्वपूर्ण स्तर की नहीं होती।

एशिया महाद्वीप—(टर्की से लेकर इंडोनेशिया तक) में 85.8 प्रतिशत की जीवन क्षति रिपोर्ट की गई। विश्व क्षति के अधिकांश भाग एशिया में केन्द्रित रहे। आस्ट्रेलिया में जीवन क्षति 0.4 प्रतिशत की रही। हिमपात, शीत-प्रवाह जैसी घटनाओं की संकल्पना नही की गई।

जन क्षति की दृष्टि से एशिया सर्वाधिक संवेदनशील है। भू-आपदाओं के कारण मृत्यु संख्या 34 प्रतिशत रही। आँकड़ों की उपलब्धि में अभाव है लेकिन भू-आपदाओं की संख्या मौसम सम्बन्धित आपदाओं की अपेक्षा कम है। जीवन-क्षति भी कम है।

आपदा की तीव्रता एवं मृत्यु-दर में सीमित सम्बद्धता रहती हैं। जीवन क्षति अनेक प्रकार से क्षेत्रीय परिवेश से भी सम्बद्ध रहती है।

आर्थिक क्षति

प्राकृतिक आपदाओं के बारे में जीवन-क्षति (मृत्यु) के आँकड़े ही क्षति-मूल्यांकन के लिए पर्याप्त नहीं हैं। लेकिन सम्पत्ति क्षति के आँकड़ों की अपेक्षा अधिक पूर्ण होती हैं। सम्पत्ति क्षति के आँकड़े प्रत्यक्ष प्रभावों की जानकारी देते हैं। लेकिन वास्तविक क्षति की संकलना के लिए केवल प्रत्यक्ष क्षति मापन पर्याप्त नहीं रहते। समुदायों में व्याप्त अप्रत्यक्ष प्रभाव मूल्यांकन (सामाजिक एवं आर्थिक परिवेश सन्दर्भित प्रभाव) भी महत्त्वपूर्ण होते हैं।

आपदाओं की संयोजनात्मकता

आपदाओं की संकल्पना के समय उनकी संयोजनात्मकता की ओर ध्यान देने की भी आवश्यकता रहती है। कोई भी प्राकृतिक आपदा अकेली नहीं आती, उसके साथ अन्य

आपदाएँ भी जुड़ी होती हैं। जैसे—भूकम्प की दुर्घटना के साथ-साथ भूस्खलन, भूमि-कटाव, सुनामी लहरें, अग्निकाण्ड आदि की सम्भावनाएँ रहती हैं।

इसी प्रकार ज्वालामुखी विस्फोट की घटना एक अकेली दुर्घटना नहीं है, उसके साथ जुड़ी हुई जटिल आपदाओं की एक शृंखला है, जिनके कारण जन-जीवन एवं सम्पत्ति दोनों की क्षति होती है।

क्षति के मानचित्र

जापान, फिलीपाइन्स, इण्डोनेशिया, पापुआ न्यूगिनी जैसे देशों में प्राकृतिक आपदाएँ जैसे भूकम्प, ज्वालामुखी विस्फोट, सुनामी लहरें एवं भूस्खलन असामान्य घटनाएँ नहीं हैं। इन आपदाओं के सन्दर्भ में उच्च कोटि में मानचित्र भी उपलब्ध हैं। आपदाओं की तीव्रता एवं व्यवहारिक निदान प्रयासों के सन्दर्भ में भी जानकारी उपलब्ध है। इन मानचित्रों में आपदा की दृष्टि से निम्न मध्यम एवं उच्च वर्ग के क्षेत्रीय विभाजन भी प्रस्तुत हैं, लेकिन उनकी सहायता से किसी भी प्रकार के योजना सन्दर्भित अथवा अन्य प्रकार के निर्णय नहीं लिए जा सकते। आपदाओं की सम्भावनाएँ (जैसे—50 वर्षों में 1 बार घटित होने वाली घटनाएँ) सीमित अर्थों में ही सहायता दे पाती हैं।

अति घटनाएँ

प्राकृतिक आपदा की घटनाएँ जो कि 100 वर्ष के अन्तराल में एक बार घटित होती हैं, अन्य घटनाएँ कही जाती हैं। 1000 वर्षों में घटित होने वाली घटनाएँ योजना की दृष्टि से महत्त्वपूर्ण नहीं होतीं। बड़े पैमाने पर किए जाने वाले बाँध निर्माण कार्यक्रमों में इन घटनाओं के सन्दर्भ में विचार आवश्यक रहते हैं। 'क्रकाटाऊ' में 1883 में ज्वालामुखी विस्फोट की घटना इसी प्रकार की अन्य घटनाओं में एक थी। विस्फोटक ज्वालामुखी सूचकांक = 6 थे। दूसरे शब्दों में 10-100 किलोमीटर km^3 विस्फोटक विस्फोट पदार्थ विसर्जित हुए। विस्फोटक ज्वालामुखी सूचकांक (VEI) = 8 से तात्पर्य 1000 km^3 विस्फोटक पदार्थों से है। 75,000 वर्षों में सुमात्रा में टोबू के विस्फोट इस कोटि के थे। विस्फोटक ज्वालामुखी सूचकांक (VEI) = 7 की घटनाएँ मानव संस्कृति में अंकित नहीं हैं। गत् 2000 वर्ष पूर्व अति घातक प्राकृतिक घटनाओं के उल्लेख मिलता हैं। इस प्रकार की घातक घटनाओं के भूमण्डलीय प्रभाव होते हैं। लेकिन इन विरल घटनाओं की घातकता के अध्ययन की जानकारी नहीं मिली है। इन घटनाओं के कारण सुनामी लहरों की सम्भावनाएँ अवश्य अधिक हो जाती हैं। भूगर्भीय जल तरंगें, अलूशियन (1946), चिली (1960) एवं अलास्का (1964) के भूकम्पों से प्रशान्त महासागर में उत्पन्न हुईं। 1883 में कर्काटाऊ ज्वालामुखी विस्फोट से 30-40 मीटर की समुद्र तरंगें उठीं। हाल ही में सुनामी लहरों के प्रभावों की सम्भावनाएँ बढ़ गई हैं। समुद्रगर्भीय भूस्खलनों के परिणामस्वरूप इन लहरों के प्रभाव अत्यधिक विनाशकारी श्रेणी में आ जाते हैं।

अमेरिका एवं ऑस्ट्रेलिया जैसे विकसित देशों में बड़े बाँधों के निर्माणों में सुधारात्मक उपायों के लिए बड़े पैमाने पर पूँजी निवेश किए गए। यहाँ बाढ़ की सम्भावना 10,000 वर्षों में एक की थी। दूसरी ओर प्राकृतिक आपदाओं की सम्भावनाओं से ग्रस्त देशों में किसी भी प्रकार के सुरक्षात्मक उपायों के प्रति उदासीन मनोभाव भी देखने में आए।

भविष्य की आपदाएँ

भविष्य की आपदाओं की प्रकृति अधिक व्यापक स्तर की हो सकती है। अनेक तथ्यों को ध्यान में रखते हुए इस प्रकार के वक्तव्य दिए गए।

प्रथम, भू-आपदाओं की भविष्यवाणी बहुत अधिक सफल नहीं रह पाती। भूकम्प के सन्दर्भ में दी गई पूर्व सूचनाएँ सही नहीं थीं। ज्वालामुखी विस्फोट के सन्दर्भ में यह कहा जाता है कि अब तक के शान्त ज्वालामुखियों में भयानक विस्फोट की सम्भावनाएँ बनी हुई हैं। इस सन्दर्भ में निरीक्षण कार्यक्रम भी जारी हैं।

द्वितीय, पूर्व सूचनाओं के साथ-ही-साथ जन-साधारण के लिए स्पष्ट एवं निश्चित प्रकृति (असंदिग्ध) जानकारियाँ भी आवश्यक हैं जिससे बचाव एवं सुरक्षा अभियान सफल हो सकते हैं। सुरक्षा के लिए केवल पूर्व सूचनाएँ मात्र पर्याप्त नहीं हैं। परिष्कृत विद्युताणु की एवं उपग्रह संचार माध्यमों से सुनामी लहरों से सम्बन्धित पूर्व सूचनाएँ सम्भव हो पा रही हैं। लेकिन इन सूचनाओं को अविकसित देशों के स्थानीय घटनास्थल तक पहुँचाने की असमर्थताएँ यथावत् बनी हुई हैं। 1985 के विस्फोट में अर्मिरों में 20,000 की जीवन-क्षति सूचना प्रसारण के इन्हीं व्यवधानों के कारण हुई।

तृतीय, निष्ठापूर्ण प्रबोधन कार्यक्रम एवं सफल पूर्व सूचना (चेतावनी) के कार्यक्रम अधिकतर औद्योगिक दृष्टि से विकसित देशों में ही सम्भव हो पाते हैं। यहाँ जीवन-क्षति नगण्य रहती है, लेकिन प्राकृतिक आपदाओं के कारण धन की अपार क्षति होती है। कैलिफोर्निया (1989) के भूकम्प एवं ऑस्ट्रेलिया न्यूकासित (1989) की घटनाएँ उदाहरण के रूप में दी जा सकती हैं। आर्थिक क्षति ऑस्ट्रेलिया में 1000 लाख डॉलर प्रति व्यक्ति की मृत्यु से उत्पन्न क्षति के रूप में अनुमानित की गई।

अविकसित एवं अर्द्धविकसित देशों में प्राकृतिक आपदाओं से मृत्यु की दर बहुत अधिक एवं सम्पत्ति क्षति सामान्य प्रकृति की रहती है। ईरान, आर्मेनिया के भूकम्प एवं कोलम्बिया के विस्फोट इसके उदाहरण हैं।

अविकसित देशों में जीवन-क्षति की सम्भावनाएँ जनसंख्या अभिवृद्धि के साथ-साथ बढ़ती जाती हैं। यहाँ पर जनसंख्या के अधिकांश मात्र प्राकृतिक दृष्टि से असुरक्षित क्षेत्रों में ही रहते हैं। औद्योगिकी प्रगति से सम्पन्न देशों में जन-वृद्धि कम पाई जाती है लेकिन प्राकृतिक आपदाओं की स्थिति में जीवन क्षति अधिक होती है क्योंकि वृद्धावस्था की जनसंख्या इन आपदाओं के आघातों को सहन नहीं कर पाती।

आपदाओं के कारण धन क्षति भविष्य में और अधिक हो जाएगी। आर्थिक विकास एवं परिष्कृत तकनीकी विकासों के कारण व्यय की सम्भावनाएँ बहुत रहेंगी। 7.5+ तीव्रता के भूकम्प लॉस एंजिल्स अथवा टोकियो में 1960-1983 की अपेक्षा 42 अरब डॉलर की क्षति उत्पन्न करेंगे।

ज्वालामुखी विस्फोट से उत्पन्न क्षति आघातों की कल्पना भी भयानक रहेगी। आर्थिक विकास की ओर निरन्तर अग्रसर हो रहे विश्व समुदायों के लिए आपदाओं की दृष्टि से सुरक्षा नितान्त आवश्यक है क्योंकि क्षति के आघात असहनीय रहेंगे।

भविष्य की चुनौतियां एवं अवसर

भविष्य में आपदाओं की स्थिति इतनी भयानक नहीं रहेगी। लेकिन सामान्य स्तर पर भी कुछ विचारपूर्ण निर्णय लेना, आवश्यक परियोजनाबद्ध प्रयास करना श्रेयस्कर होगा—

(1) आपदाओं से सम्बन्धित मानचित्र निर्माण एवं आपदा प्रभाव मापन के कार्यक्रम तुलनात्मक प्रकृति के होने आवश्यक हैं। इससे स्थिति के वास्तविक चित्र प्राप्त हो सकेंगे। अन्य घटनाओं की ओर भी ध्यान देना आवश्यक है। विरल एवं अत्यधिक घातक घटनाएँ अपार क्षति पहुँचा सकती हैं।

(2) भूकम्प के प्रति संवेदनशील क्षेत्रों में ध्यान केन्द्रित करना आवश्यक है, क्योंकि ऐतिहासिक प्रमाणों के आधार पर सर्वाधिक विनाश इन्हीं के कारण होते हैं।

(3) आपदा न्यूनीकरण प्रयास एवं अन्वेषण एशिया केन्द्रित होने चाहिए क्योंकि 85 प्रतिशत प्राकृतिक आपदाएँ इन्हीं क्षेत्रों को प्रभावित करती हैं।

(4) वैज्ञानिक जानकारियों की सभी उपलब्धियों को ध्यान में रखते हुए भी भविष्य में आपदा से सम्बन्धित क्षति की सम्भावना अधिक ही रहेगी। आर्थिक विकास के साथ-साथ निदान उपाय, क्षतिपूर्ति के व्यय आदि में जीवन स्तर की उत्तमता के साथ-साथ निरन्तर अभिवृद्ध होती रहेगी।

भूगर्भ वैज्ञानिकों से अपेक्षा रहेगी कि आपदाओं की पहचान, प्रभावों की जानकारी देने के अतिरिक्त भविष्यवाणी-चेतावनी-प्रतिक्रिया शृंखला की सुदृढ़ता बनाई जाए। वर्तमान समय में चुनौतियों के साथ-साथ समस्या निदान के अवसर भी हैं। सैद्धान्तिक रूप से आपदा सन्दर्भित लक्ष्यों की सुगमता से निरूपित किया जा सकता है। जन क्षति, सम्पत्ति क्षति एवं पर्यावरण क्षति के पूर्ण निराकरण ही इस सन्दर्भ में हमारे लक्ष्य हैं लेकिन व्यवहारिक दृष्टि से इन लक्ष्यों की प्रगति सम्भव नहीं हो पाती। भविष्य में स्थिति में सुधार की अनन्त सम्भावनाएँ भी हैं लेकिन साथ ही साथ अनिश्चितता के बढ़ते हुए अन्धकार भी हैं। लेकिन साथ-ही-साथ अनिश्चितता के बढ़ते हुए अन्धकार भी हैं। निदान उपाय किस सीमा तक सुरक्षित बनी रह सकती हैं? इस प्रकार के प्रश्नों के उत्तर निश्चयात्मक नहीं हो सकते।

आपदा न्यूनीकरण की दिशा में महत्त्वपूर्ण प्रगति की सम्भावनाएँ भी हैं। आपदाओं के बारे में जागरुकता स्वयं सुरक्षा कवच के रूप में रहती है। जन-साधारण के हित को ध्यान में रखते हुए नीति निर्धारण के क्षेत्र में एवं राजनीति में इनकी महत्ता बनी रहेगी। आपदा न्यूनीकरण के उद्देश्य से अन्तर्राष्ट्रीय दशक के साथ की गई इस उद्घोषणा के उद्देश्यों में विश्वव्यापी स्तर पर राष्ट्रों के ध्यान केन्द्रित करने के उद्देश्य भी अन्तर्निहित थे। वैज्ञानिक एवं तकनीकी सहायताओं की संपन्नता अन्तर्राष्ट्रीय सहकरणों के आधार पर सुगमता से प्राप्त की जा सकती हैं। जानकारी एवं सहायता के ये उपक्रम एक अनन्त शृंखला के प्रारम्भिक एवं महत्त्वपूर्ण घटक हैं। इसमें सन्देह नहीं है कि आपदा न्यूनीकरण के परिष्कृत तकनीकी उपाय एवं सूचना प्रसारण की सुविधाएँ सम्मिलित रूप से निदान उपायों की एक सुगम शृंखला बनाती हैं। सम्पोषित विकास की ओर अग्रसर अविकसित देशों के सन्दर्भ में प्रवृत्ति के साथ सामंजस्य पूर्ण जीवन रीति के शैली की विचारधारा भी महत्त्वपूर्ण स्थान पाती है।

आपदा न्यूनीकरण-सम्बन्धित अतीत के अनुभव बहुत अधिक आशाजनक नहीं हैं। निर्धन एवं अविकसित देशों में तो आपदा निम्नीकरण के प्रयास कठिन एवं दुर्गम भी हैं। क्षति की सम्भावनाएँ सदैव बनी रहेंगी। पूर्ण रूप से आपदा-मुक्ति की स्थिति भी व्यवहारिक नहीं हो सकती। पूर्ण सुरक्षा किसी भी स्थिति में सम्भव नहीं हो सकती। सामान्य रूप से आपदा प्रभावों से मुक्ति पाने के लिए भी समुदायों के सामने जटिल समस्याएँ आती हैं। आर्थिक दृष्टि से अनेक प्रकार के निदान स्वीकार्य नहीं बन पाते। समुदाय अपने परिचित परिवेश में ही रहना चाहते हैं। आपदा की दृष्टि से असुरक्षित होते हुए भी समुदाय उन्हें असुरक्षित नहीं मानते। आपदाओं के सन्दर्भ में आशापूर्ण स्थिति इसलिए भी बनी रहती है कि अनेक आपदाओं के प्रभावों से हम भली-भांति परिचित हैं। आपदाएँ आज के सन्दर्भ में आकस्मिक नहीं रह जातीं, उनके लिए सामुदायिक सतर्कता सदैव बनी रहती है।

वस्तुतः दुर्घटनाओं के सन्दर्भ में पूर्व जानकारी पर्याप्त नहीं होती। सुरक्षा उपायों के लिए समुदायों के पूर्ण मनोनिवेश नितान्त आवश्यक हैं। भूमि के विवेकपूर्ण उपयोग की महत्ता से जनसमुदाय भली-भांति परिचित हैं, लेकिन आर्थिक कारणों से एवं उदासीन मनोवृत्ति के कारण इनके व्यावहारिक रूपान्तरण सम्भव नहीं हो पाते।

निर्धन देश के निवासियों में आत्मबल को जागृत करने के प्रयास सबसे अधिक महत्त्वपूर्ण प्रयास हैं। बांग्लादेश में 1931 के भयंकर तूफान से जीवन क्षति 150,000 रही। 1970 की आपदा के पश्चात् सतर्कता अभियान कार्यक्रम भी बनाए गए। लेकिन क्षति नियन्त्रण कार्यक्रम में केवल आंशिक सफलता ही मिल सकी। दो दिन पूर्व (दुर्घटना से दो दिन पूर्व) ही राहत कार्यक्रमों की सूचना भी दी गई। प्रशिक्षित सहायताकर्मी प्रभावित समुदायों को 1970 में निर्मित सुरक्षा स्थलों में पहुँचाने के लिए भी प्रयत्नशील थे। लेकिन आश्रय-स्थल यदि पूर्ण रूप से सुरक्षित न हों तो ऐसी परिस्थिति में सभी प्रयास सीमित सफलता ही प्राप्त करते हैं।

पूर्ण रूप से सुरक्षित आश्रय-स्थल नितान्त आवश्यक हैं। 1970 में 200 आश्रय-स्थल निर्मित किए गए थे। दो दशकों के बाद में आए इस नए तूफान में परिस्थितियाँ भिन्न थीं। जनाधिक्य से प्रभावित इस निर्धन देश में प्रशासन की ओर से 137 आश्रय-स्थल ही निर्मित हो सके। 62 अन्य आश्रय-स्थल रेडक्रॉस एवं रेडक्रेसेन्ट की सहायता से निर्मित किए गए। इतने व्यापक स्तर पर सहायता कार्यक्रमों की व्यवस्था नहीं की जा सकी। विश्व के अनेक भागों में सहायता सुविधाएँ व्यवस्थित की गईं। लेकिन प्रभावित समुदाय तक उनकी पहुँच नहीं हो सकी। आपदा के प्रभाव से रोग संक्रमण की घटनाएँ दिन-प्रतिदिन अधिक होती गई। हैजे के प्रभाव घातक प्रकृति के थे। जल एवं थल मार्ग से प्रभावित समुदाय तक पहुँचने के प्रयास असफल प्रयास ही रहे। 100 लाख की जनसंख्या असहाय स्थिति में थी। आपदाओं की सम्भावनाओं से प्रभावित क्षेत्र, सघन आबादी के क्षेत्र भी थे। किसी भी प्रकार की पूर्व सूचना, सुरक्षा उपाय उन्हें सुरक्षा नहीं दे सके। आगामी वर्षों में आपदाओं की संकटपूर्ण घटनाएँ और अधिक विषम बन सकती हैं। विश्व-पर्यावरण में परिवर्तन एवं भूमण्डलीय ताप की अभिवृद्धि और अधिक समस्याएँ उत्पन्न कर सकती हैं। सामाजिक अस्त-व्यस्तता एवं निर्धनता सम्मिलित रूप में विश्व-समुदाय के वंचित जनसमुदायों को पर्यावरण शरणार्थियों के रूप में परिवर्तित कर देंगे।

अन्तर्राष्ट्रीय संगठन एवं अभिकरण

1. स्कोप (SCOPE—Scientific Committee on Problems of the Environment)—वैज्ञानिक संगठनों की अन्तर्राष्ट्रीय परिषद् (International Council of Scientific Union—ICSU) ने सन् 1969 में नामक समिति की स्थापना की। इसके निम्नलिखित उद्देश्य निहित हैं—

(i) पर्यावरण पर मानवीय प्रभाव तथा मानव पर पर्यावरणीय प्रभावों से सम्बन्धित जानकारी में वृद्धि करना।

(ii) सरकारी एवं गैर-सरकारी संगठनों को पर्यावरणीय समस्याओं से सम्बन्धित वैज्ञानिक सूचनाएँ एवं परामर्श देना।

(iii) संयुक्त राज्य पर्यावरण कार्यक्रम (United Nations Environment Programme—UNEP) को सहयोग प्रदान करना।

(iv) मानव एवं जीवमण्डल कार्यक्रम (Man and Biosphere Programme) को बढ़ावा देना।

(v) विश्व जलवायु कार्यक्रम (World Climate Programme—WCP) को प्रोत्साहित करना। यह विश्व मौसम विज्ञान संगठन (World Meterological Organisation—WMO) द्वारा स्थापित किया गया है।

2. अन्तर्राष्ट्रीय भूमण्डल-जीवमण्डल कार्यक्रम (International Geosphere-Biosphere Programme—IGBP)—इस अन्तर्राष्ट्रीय शोध कार्यक्रम को अक्टूबर, 1988 में आरम्भ किया गया। इस कार्यक्रम के अन्तर्गत भौतिक पर्यावरण के स्थलमण्डलीय, सागरीय एवं वायुमण्डलीय संघटकों के अध्ययन पर बल दिया जाता है। इस कार्य के लिए उपग्रहों तथा सुदूर संवेदन प्रविधि, पर्यावरण निगरानी एवं भौगोलिक सूचना-तन्त्र (GIS) आदि से प्राप्त सूचनाओं से सहायता प्राप्त की जाती है। उपग्रह—सुदूर संवेदन तकनीकी से सामयिक नूतन आँकड़े प्राप्त करके भौगोलिक सूचनातन्त्र द्वारा विश्लेषित किये जाते हैं।

3. विश्वव्यापी परिवर्तन के मानवीय आयाम (Human Dimension of Global Change—HDGC)—प्राकृतिक आपदाओं तथा पर्यावरणीय समस्याओं के अध्ययन के लिए सामाजिक विज्ञानियों ने यह शोध कार्यक्रम आरम्भ किया है, इसे निम्न संस्थाओं से आर्थिक सहायता मिलती है—

(i) संयुक्त राष्ट्र विश्वविद्यालय (United Nations University—UNU)

(ii) अन्तर्राष्ट्रीय सामाजिक विज्ञान परिषद् (International Social Science Council—ISSC)

(iii) अग्रिम अध्ययनों के लिए अन्तर्राष्ट्रीय संघ की संस्थाएँ (International Institutes for Advanced Studies—IFIAS)

4. अन्तर्राष्ट्रीय अभिकरण (International Institutes for Advanced Studies—IFIAS)

(i) विश्व बैंक (World Bank)।

(ii) अन्तर्राष्ट्रीय रेडक्रॉस और रेड क्रिसेन्ट सोसायटी।

(iii) संयुक्त राष्ट्र पर्यावरण कार्यक्रम (UNEP)।

(iv) संयुक्त राष्ट्र विकास कार्यक्रम (UNDP)।

(v) संयुक्त राष्ट्र शैक्षिक, वैज्ञानिक तथा सांस्कृतिक संगठन (United Nation Educational Scientific and Cultural Organisation—UNESCO)।

(vi) संयुक्त राष्ट्र शिशु निधि (UNICEF) तथा

(vii) विश्व स्वास्थ्य संगठन (WHO)।

प्राकृतिक प्रकोपों एवं आपदाओं के अध्ययन तथा उनके मानव समाज पर पड़ने वाले विनाशकारी प्रभावों को कम करने तथा प्रभावी उपायों का पता लगाने के लिए संयुक्त राष्ट्र संघ ने 1990-2000 दशक को 'प्राकृतिक आपदा न्यूनीकरण के लिए अन्तर्राष्ट्रीय दशक' (International Decade for Natural Disaster Reduction—IDNDR) के रूप में घोषित किया था। इस कार्यक्रम के प्रमुख उद्देश्य प्राकृतिक प्रकोपों एवं आपदाओं द्वारा

जनहानि, सम्पत्ति-हानि तथा सामाजिक एवं आर्थिक स्थितियों में आने वाली गिरावट को कम करना है। इस कार्यक्रम में निम्न अल्पकालिक त्वरित प्रक्रमों तथा घटनाओं को सम्मिलित किया गया है—

(i) भूकम्प

(ii) ज्वालामुखी उद्गार

(iii) भूस्खलन

(iv) सुनामी तरंगें

(v) बाढ़

(vi) सूखा

(vii) चक्रवात

(viii) वनाग्नि

(ix) टिड्डियों के झुण्ड का जनन।

इस कार्यक्रम के अन्तर्गत उपर्युक्त प्रकोपों एवं आपदाओं के न्यूनीकरण के लिए निम्नलिखित उद्देश्य निर्धारित किये हैं—

1. प्राकृतिक प्रकोपों की पूर्व चेतावनी व्यवस्था की स्थापना करके प्रत्येक देश को प्राकृतिक प्रकोपों एवं आपदाओं को सहन करने में सक्षम बनाना।
2. प्राकृतिक प्रकोपों का प्रभाव कम करने के लिए विज्ञान एवं तकनीकी का पर्याप्त मात्रा में विकास करना।
3. प्राकृतिक प्रकोपों एवं आपदाओं के मूल्यांकन, आंकलन, पूर्वानुमान, रोकथाम एवं न्यूनीकरण के बारे में सूचनाओं का प्रचार करना।
4. प्राकृतिक आपदाओं के प्रभावों को कम करने की विभिन्न विधियों को विकसित करना।

आपदा प्रबन्ध सम्बन्धी सम्पूर्ण गतिविधियों से पूर्व क्षति का मूल्यांकन आवश्यक है। साथ ही आपदा सम्बन्धी कार्य आरम्भ करने से पहले इसका उपयुक्त आंकलन किया जाता है।

आपदाओं के प्रति सामाजिक प्रतिक्रिया को भी तत्कालीन परिस्थितियों के अनुसार प्रबन्धित किया जाना चाहिए। सामाजिक पुनर्वास सबसे महत्त्वपूर्ण कार्य है; क्योंकि इसमें सम्पूर्ण घटनाक्रम के मनोवैज्ञानिक पक्षों को मद्देनजर रखा जाता है, जो आपदा के सर्वप्रथम लेकिन अदृश्य प्रभाव होते हैं। इनसे सम्बन्धित गतिविधियों में आँगनबाड़ियों, सामुदायिक केन्द्रों, बालिका गृहों तथा वृद्धावस्था आश्रमों को पुनः सक्रिय बनाना सम्मिलित है। इन सभी

गतिविधियों का उद्देश्य महिलाओं, बच्चों, वृद्धों, विकलांगों और उन परिवारों पर अतिरिक्त ध्यान देना है, जिनमें माता-पिता में कोई एक काल का ग्रास बन गया हो। आपदा के उपरान्त राहत कार्यों का चरण पूरा होते ही शैक्षिक एवं प्रशिक्षण गतिविधियाँ फिर से शुरू कर दी जानी चाहिए।

भारत सरकार के कृषि मन्त्रालय ने "आपदा तैयारी के बारे में सामुदायिक जागरुकता" नामक एक योजना प्रायोजित की है, जिसे सर्वाधिक संवेदनशील पाँच राज्यों—आन्ध्र प्रदेश, गुजरात, राजस्थान, उड़ीसा तथा उत्तर प्रदेश के 100 गाँवों में यह परियोजना चलाई जा रही है।

इन्दिरा गाँधी राष्ट्रीय मुक्त विश्वविद्यालय (इग्नू) अपने दूरस्थ शिक्षा कार्यक्रमों के जरिए इस क्षेत्र में काम करने की कार्ययोजना बना रहा है, ताकि बड़ी संख्या में ग्रामीण निर्वाचित प्रतिनिधियों को आपदा के बारे में जागरुक बनाया जा सके, उन्हें रोकथाम और आपदा से निपटने की तैयारी, पुनर्वास और विकास के उपायों की जानकारी दी जा सके। आपदा सम्बन्धी, शिक्षा पूर्णरूपेण स्वयंसेवकों, सामाजिक कार्यकर्त्ताओं, वित्तीय विशेषज्ञों तथा वृहद स्तर पर लोगों पर निर्भर करती है। इस प्रकार लोगों की दीर्घावधि के आपदा शमन उपायों को समझने में सहायता करने, विशेषकर उन्हें राष्ट्रीय विकास एवं पर्यावरण संरक्षण के बारे में अवगत कराने का लक्ष्य वास्तविक रूप में समुदाय को इस बात के लिए तैयार करना है कि वह आपदा के बाद की स्थितियों का सामना कर सके तथा आर्थिक विकास एवं जीवन की गुणवत्ता में योगदान कर सके। आपदाओं के बारे में व्याप्त मिथकों का पर्दाफाश करने के लिए पुस्तक-पुस्तिकाएँ वितरित की जानी चाहिए, जिनमें इनके बारे में प्रमुख दिशा-निर्देश दिये जाएँ।

सामुदायिक भागीदारी के रूप में ग्राम विकास संघों को निर्माण, समुदाय आधारित संगठनों और आपदा कार्यदलों का गठन आदि विभिन्न तकनीकें प्रमुख हैं। ज्ञान, कौशल एवं अभिरुचि के माध्यम से सामुदायिक चेतना पैदा करने के सर्वाधिक कारगर तरीकों में सूचना शिक्षा और संचार भी सम्मिलित है। आपदा के दुष्प्रभाव को न केवल तकनीकी और वैज्ञानिक सन्दर्भों में समझने की आवश्यकता है, बल्कि मानवीय, सामाजिक और आर्थिक सन्दर्भों में भी समझा जाना चाहिए। इस दिशा में मीडिया महत्त्वपूर्ण भूमिका निभा सकते हैं। आधुनिक सेवाओं और प्रौद्योगिकी सम्बन्धी अनुसन्धान और आपदाओं का सामना करने के आधुनिक एवं आनुभाविक तरीकों से आपदा प्रबन्ध नीतियों को नया रूप दिया जा सकता है। इस दिशा में रूस ने एक नयी उपग्रह पर्यवेक्षण प्रणाली विकसित की है, जो भूकम्प की पूर्व सूचना काफी पहले दे सकती है।

आपदाओं की पूर्व सूचना देने के लिए अनेक वैज्ञानिक एवं तकनीकी विधियों का विकास किया गया है। रूस की नवीन उपग्रह प्रणाली इसका नूतन उदाहरण है। इसके अतिरिक्त डिफरेंशियल ग्लोबल पोजिशनिंग सिस्टम अपनाने से तटवर्ती क्षेत्रों का क्षेत्र-नियमन अधिक मानक रूप में किया जा सकता है।

भौगोलिक सूचना तन्त्र (Geographical Information System—GIS) एवं सुदूर संवेदन तकनीकी के आंकड़ों का प्रयोग पहले से ही किया जा रहा है, जिनसे आपदा की आशंका का पता लगाने में मदद मिलती है। भारत में 1999 में आये तूफान की पूर्व सूचना चार दिन पूर्व मौसम विभाग ने राज्य सरकार एवं सम्बन्धित जिलों को दे दी थी। आपदा प्रबन्ध और तत्सम्बन्धी प्रशिक्षण के मध्य एक उपयोगी सम्बन्ध है। बदलते परिवेश में इसकी उपयोगिता और भी बढ़ जाती है, जबकि आपदा तैयारी के सन्दर्भ में तकनीकी, विशेषज्ञतायुक्त कौशल पर बल दिया जा रहा है। आपदा प्रबन्ध से सम्बन्धित विभिन्न गतिविधियों के विशेषज्ञता सम्बन्धी पक्षों का निरन्तर मूल्यांकन एवं अनुश्रवण और समीक्षा करने की आवश्यकता है, जो शुद्ध आँकड़ों की प्रक्रिया, व्याख्या और विश्लेषण से सम्भव है। वर्तमान समय में आपदा के बारे में जनजागरुकता में बढ़ोत्तरी हुई है और इनमें मरने वाले लोगों के लिए जिम्मेदारी तय करने की अवधारणा की नवीन धारणा की गई है। अतः आपदा प्रबन्धन की अवधारणा और प्रवृत्तियों में बदलाव आ रहा है।

आपदाओं की समस्याओं के सम्बद्ध में अब जोखिम के प्रकारों और आवृत्तियों, तकनीकी ज्ञान के महत्त्व, नाजुक क्षेत्रों की पहचान और जोखिम से निबटने की मानक तकनीकों के उपयोग के चारों ओर केन्द्रित है। वर्तमान समय में आपदा-परवर्ती सहायता की अपेक्षा आपदा से पूर्व उससे निबटने की तैयारी पर बल दिया जा रहा है। इस प्रकार तैयार की बजाय आपदा का प्रभाव कम करने पर, निर्भरता की बजाय आत्मनिर्भरता पर और राहत की बजाय पुनर्वास पर बल दिया जा रहा है। साथ ही आपदा प्रबन्ध का तदर्थ दृष्टिकोण बदल रहा है तथा उसकी जगह विशेषज्ञतापूर्ण व व्यावसायिक दृष्टिकोण अपनाया जाने लगा है। इस प्रकार कहा जा सकता है कि वर्तमान तकनीकी एवं सूचना क्रान्ति के युग में आपदाओं के प्रति मानवीय अवबोध विकसित हुआ है।

प्राकृतिक आपदा प्रबन्धन

वैज्ञानिक क्षेत्र में विकास होने के पश्चात् प्राकृतिक आपदाओं के बारे में पूर्ववत् जानकारी प्राप्त करना सम्भव हो गया है। सन् 1975 में चीन के हैजिंग शहर में 7.3 तीव्रता का भूकम्प आया। इस जानकारी के पश्चात् दो दिन में 90,000 लोगों ने वहाँ से पलायन किया। उस समय आए भूकम्प से लगभग 90% इमारतें ध्वस्त हो गईं थी। प्राकृतिक आपदाओं का अंदेशा लगभग पाँच वर्ष पूर्व से ही होने लगता है। हल्के भूकम्प के झटकों से जानकारी प्राप्त होती है। इसके अतिरिक्त सतही क्षेत्र का झुकाव, पृथ्वी के चुम्बकीय क्षेत्र में परिवर्तन, कुओं के जल-स्तर में परिवर्तन तथा जन्तुओं के व्यवहार से भी पूर्ववत् अनुमान लगाया जा सकता हैं।

भौतिक सुधार तथा संस्थागत विकास के माध्यम से प्राकृतिक आपदाएँ रोकी जा सकती हैं, जैसे—जल के बहाव को रोकने के उचित प्रबन्धन से बाढ़ द्वारा होने वाले नुकसान को रोका जा सकता है। संस्थागत प्रक्रिया में बाढ़ वाले क्षेत्रों का प्रबन्धन, आपदा चेतावनी तन्त्र, शिक्षा आदि सम्मिलित हैं।

प्राकृतिक आपदा से जान-माल का नुकसान होता है। लेकिन यदि इन आपदाओं से निपटने की समझ न हो तो और भी अधिक नुकसान हो सकता है। 26 जनवरी, 2001 को गुजरात में आए भूकम्प की तीव्रता 7.9 मापी गई। गुजरात के कच्छ में भूकम्प से 20,000 लोगों की मृत्यु हो गयी तथा तीन कस्बे पूरी तरह नष्ट हो गए।

भारत में, जल आपदा की समस्या से निपटने के लिए बाँध बनाना अति आवश्यक है। बाँध फसलों तथा अन्य सम्पदा की बाढ़ से सुरक्षा करता है। उत्तर में वियतनाम में, लाल नदी डेल्टा पर 3000 कि.मी. क्षेत्र में बाँध का निर्माण किया। अनेक बाँध पुराने हैं तथा निर्माण के लिए प्रयुक्त की गई सामग्री निम्न स्तर की थी। फलतः ये बाँध क्षतिग्रस्त हो जाते थे। वियतनाम के केन्द्रीय भाग समुद्री सतह पर, टाइफून जैसी प्राकृतिक आपदा से अधिक भर जाते हैं तो जल बाहर बहता है। इस घटना की निरन्तरता के कारण फसलें नष्ट हो जाती हैं फलतः भुखमरी जैसी विकट समस्या उत्पन्न होती हैं।

डेल्टा क्षेत्र में, रिसाव चैनल तथा पम्पिंग स्टेशन से कृषि विज्ञान के सुधार की सम्भावनाएँ बढ़ी हैं। पाइराइट युक्त समुद्री तलछट के साथ डेल्टाई क्षेत्र में निर्माण कार्य से अम्लीय सल्फेट मृदा उत्पन्न करती है। जिसमें सल्फ्यूरिक अम्ल की सान्द्रता अधिक होती है।

बाढ़ की रोकथाम के लिए बनाई गई योजनाएँ संरचनात्मक मापदण्डों पर निर्भर नहीं होती हैं। भूमि-प्रबन्धन नियमों में भूमि सुधार अभ्यास के विकास पर जोर देना आवश्यक है।

बाढ़-चेतावनी तन्त्र

भारत में बाढ़-चेतावनी तन्त्र के कारण जल-त्रासदी में कमी आई है। बाढ़ की रोकथाम के उपायों में कमी आने पर क्षति अधिक बढ़ जाती है। अतः जल आपदा के सभी स्तरों पर सुधार की आवश्यकता होती है। बाँध के निकट रहने वाले समुदायों को सुरक्षा का ध्यान रखना चाहिए।

भारत सरकार इन प्राकृतिक आपदाओं से निपटने के लिए अनेक समितियों का निर्माण कर रही है। इन समितियों का मुख्य कार्य आपदाओं की चेतावनी देना है। इसका मुखिया कैबिनेट सचिव होता है। इसके सदस्य गृह मन्त्रालय, रक्षा विभाग, स्वास्थ्य मन्त्री, ऊर्जा मन्त्रालय, चेयरमैन, रेलवे बोर्ड, शहरी नियोजन तथा निर्धनता प्रशासऩ विभाग, पेट्रोल तथा प्राकृतिक गैस मन्त्रालय, जहाजरानी विभाग, सड़क परिवहन विभाग, टेलीकॉम सर्विसेज विभाग, ग्रामीण विकास विभाग, कृषि विज्ञान विभाग, पीने के जल वितरण विभाग, खाद्य मन्त्रालय के सेक्रेटरी, संयुक्त सचिव तथा कैबिनेट सचिव होते हैं।

शुष्क प्रबंधन पर कार्य करने वाले टास्क फोर्स में मिनिस्टर ऑफ फाइनेंस एंड कम्पनी अफेयर, कृषि मंत्रालय मिनिस्टर ऑफ कन्ज्यूमर अफेयर, फूड एंड पब्लिक डिस्ट्रीब्यूशन,

ग्रामीण विकास मंत्रालय के सदस्य, डिप्टी चेयरमैन तथा योजना आयोग के सदस्य सम्मिलित है। टास्क फोर्स का कार्य शुष्कता प्रबंधन करना है। जब कभी आवश्यकता होती है तो यह विभाग राज्य सरकार से सलाह लेता है।

इंटर-मनिस्टीरियल ग्रुप

24 जुलाई, 2002 को गृह मंत्रालय के अधीन इण्टर मनिस्टीरियल ग्रुप का निर्माण हुआ। इस ग्रुप के चेयरमैन गृह मंत्रालय के सचिव होते हैं तथा केन्द्रीय रिलिफ कमिश्नर सचिव, योजना आयोग का सचिव, वित्त मंत्रालय, कृषि मंत्रालय, जल संसाधन मंत्रालय, ग्रामीण विकास मंत्रालय के सचिवों, विद्युत ऊर्जा मंत्रालय, पेट्रोलियम तथा प्राकृतिक गैस मंत्रालय, शहरी नियोजन तथा निर्धनता प्रशासन, सड़क परिवहन मंत्रालय, स्वास्थ्य मंत्रालय, खाद्य मंत्रालय, जल प्रशासन के सचिव, संयुक्त सचिव सम्मिलित होते हैं।

पॉलिसी फॉर एक्सेप्टेंस ऑफ एक्स्टर्नल एसिस्टेंस

प्राकृतिक आपदाएँ अनेक संकट उत्पन्न करती हैं। इन आपदाओं के निपटने के लिए सरकारी या गैर सरकारी संस्थाएँ कार्य करती हैं सरकारी संस्थाएँ अनेक स्वयंसेवी संस्थाओं के साथ मिलकर भी कार्य कर सकती है। जैसे—(OCHA) को अनेक देशों ने साथ मिलकर आपदाओं के निवारण के लिए समर्थन दिया है।

आपदा प्रबंधन सुविधा

विश्व बैंक गरीबी उन्मूलन पर कार्य कर रही है। इस मिशन का प्रमुख प्राकृतिक या मानव-निर्मित आपदाओं से होने वाले नुकसान की भरपाई करना है। विकासशील देशों में आपदाओं द्वारा नुकसान अधिक होता है। यहाँ मृत्युदर 95% तक हो सकती है। विकासशील देशों में औद्योगिक देशों की तुलना में 20 गुना अधिक नुकसान होता है।

आपदा प्रबंधन सुविधा का प्रमुख उद्देश्य मानव के आर्थिक नुकसान में कमी करना है। विश्व बैंक ने इसके लिए योजनाएँ तैयार की हैं जिसके द्वारा आपदाओं से होने वाले नुकसान में कमी करने का प्रयाकर किया जा रहा है।

आपदा प्रबंधन सूचना तंत्र (DMIS)

यह तंत्र 18 जनवरी, 2002 को प्रारंभ हुआ। सृष्टि (Society for Research & Initiatives for Sustainable Technologies and Institutions या SRISTI) द्वारा लाँच यह तंत्र इंडियन इंस्टीट्यूट ऑफ मैनेजमेंट अहमदाबाद (गुजरात) भारत में अवस्थित है। सृष्टि ने आपदा प्रबंधन सूचना तंत्र की स्थापना की। इसके साथ ही विभिन्न राज्यों में आपदा प्रबंधन प्राधिकारों, स्वयं सेवी संस्थाओं तथा अन्य संस्थाओं के लिए डेटाबेस-ड्रिवन इन्फोरमेशन सिस्टम (database-driven information system) का विकास हुआ। लगभग 700 संगठन तथा संस्थाएँ वेबसाइट पर उपलब्ध हैं जो प्राकृतिक आपदा के समय सहायता व सुरक्षा प्रदान करती हैं।

आपदा प्रबंधन के लिए निर्देश तत्त्व

डाटा बेस—किसी भी क्षेत्र में आवश्यकता के समय सहायता पहुँचाने से पहले योजना तैयार करनी चाहिए कि वहाँ किन-किन वस्तुओं की आवश्कयताएँ हैं, जैसे सुरक्षा उपकरण, ऑक्सीजन सिलेण्डर आदि साथ ही दक्ष कर्मचारी जो कि आपातकाल में शीघ्रता से कार्य करें।

सेना संचालन—सेना, संगठनों को सहायता पहुँचाने में मदद करती है। भुज में हुई त्रासदी के समय IIMA के अनेक कार्यकारी सदस्यों ने अत्यधिक सहायता प्रदान की।

तकनीकी आवश्यकताएँ—इन संगठनों क सदस्यों को सभी स्थितियों से निपटने की परिपूर्ण ट्रेनिंग दी जानी चाहिए। जैसे इमारतों में प्रवेश, कंक्रीट के भागों को तोड़कर शीघ्रता से सहायता पहुँचाना इत्यादि।

आत्म-निर्भरता—मनुष्य समुदाय बनाकर निवास करता है। अतः संकटकालीन स्थितियों में सभी व्यक्तियों को एक-दूसरे की सहायता करनी चाहिए। इससे प्रत्येक व्यक्ति सुरक्षित हो जाएगा। कभी-कभी उन क्षेत्रों में सहायता विलम्ब से पहुँच पाती है। अतः व्यक्ति एकजुट होकर स्वयं एक-दूसरे की सहायता कर सकते हैं।

संचार आधार तंत्र—प्राकृतिक आपदाओं के समय संचार माध्यम की नियमितता रखना बहुत गंभीर समस्या है। अतः ऐसी संचार तकनीकी का विकास करना चाहिए जो कठिन समय में कार्यरत रह सकें।

आपतकाल सन्नद्धता—समाज में व्यक्तियों को आपातकाल से निपटने की ट्रेनिंग देनी चाहिए।

पूर्वानुमान होना—अत्यधिक भारयुक्त भूमि, अधिक नमी वाली भूमि पर क्षति अधिक होती है। अतः इन बातों पर ध्यान देना चाहिए।

विकास योजनाएँ तथा आपदा प्रबंधन

अनादिकाल से ही मानव एवं अन्य जीव-जन्तु प्राकृतिक आपदाओं से जूझते रहे हैं। मानव आसमान से कड़कती बिजली तथा आँधी-तूफान को दैवीय प्रकोप समझकर काँपता था किन्तु आज वह प्राकृतिक आपदाओं का रहस्य काफी कुछ जान चुका है। मानवजनित आपदाएँ जैसे युद्ध, आतंकवाद, ट्रेन, वायुयान, सड़क दुर्घटना, आगजनी, भगदड़, दंगे, गैस पाइपलाइन फटना, परमाणु परीक्षण तथा अन्य दुर्घटनाएँ आदि सम्मिलित हैं। यद्यपि प्राकृतिक तथा मानवीय दोनों ही प्रकार की आपदाओं से विकसित एवं विकासशील देश समान रूप से प्रभावित हैं किन्तु तुलनात्मक रूप से विकासशील देश अधिक संवेदनशील हैं, क्योंकि इन देशों की भौगोलक स्थिति विषमताओं से ग्रस्त है। दूसरी ओर विकासशील देशों में आपदा-प्रबंधन के लिए पर्याप्त तकनीक, संसाधन एवं जनचेतना का भी अभाव है।

अक्टूबर, 1999 में उड़ीसा में आए भयंकर समुद्री तूफान तथा 26 जनवरी, 2001 को गुजरात में आए भूकम्प ने केन्द्र सरकार को झकझोर कर रख दिया। परिणामस्वरूप केन्द्रीय स्तर पर 'राष्ट्रीय आपदा प्रबंधन' इकाई का गठन हुआ। कृषि मंत्रालय के अधीन कार्यरत यह संगठन समस्त प्राकृतिक आपदाओं पर निगरानी, प्रबंधन तथा समन्वय का कार्य करता है। इसी प्रकार ग्यारहवें वित्त आयोग की अनुशंसा पर 'राष्ट्रीय आपदा सहायता कोष' में निर्धारित मात्रा में सहायता राशि का प्रावधान किया गया है। वस्तुतः ये सब प्रयास 'आपदा-पश्चात्' प्रकृति के उपबंध है जिनके माध्यम से केवल राहत एवं बचाव कार्य निष्पादित हो रहे हैं, आपदाओं से बचाव के नहीं, जबकि बचाव को उपचार से बेहतर रणनीति माना जाता है। दुःखद स्थिति यह है कि हमारी नौ पंचवर्षीय योजनाओं के 36 वर्ष भयंकर आपदाओं से त्रस्त रहे हैं। जाहिर है ऐसी स्थिति में योजना की प्राथमिकताएँ तथा क्रियान्वयन प्रक्रिया विपरीत रूप से प्रभावित होती है।

असंगठित प्रयास

भारत में सूखा, बाढ़, समुद्री तूफान, अँधड़, लू, आकाशीय बिजली तथा हिम एवं भूस्खलन स्थाई प्राकृतिक आपदाएँ हैं, जो प्रतिवर्ष औसतन 10 हजार व्यक्तियों का जीवन लीला समाप्त कर देती हैं। संयुक्त राष्ट्र के एक अनुमान के अनुसार भारत में प्रतिवर्ष औसतन तीन हजार करोड़ रूपयों का आर्थिक नुकसान आपदाओं के कारण होता है। राजस्थान, गुजरात, उड़ीसा तथा कर्नाटक के कुछ जिले सूखे से; आसाम, बिहार, उत्तर प्रदेश तथा पश्चिम बंगाल के बाढ़ से; उड़ीसा तथा आन्ध्र प्रदेश के समुद्री तूफान से; उत्तराखण्ड, हिमाचल प्रदेश, जम्मू-कश्मीर तथा पश्चिम बंगाल के भू एवं हिमस्खलन से स्थायी रूप से ग्रस्त हैं। बार-बार प्राकृतिक आपदाओं से ग्रस्त होने के बावजूद किसी भी राज्य सरकार अथवा केन्द्र सरकार के पास सुविचारित कारगर नीति या व्यूहरचना नहीं है। यही कारण है कि स्वतन्त्रता के छः दशकों के उपरान्त भी देश में सूखा, बाढ़, भूस्खलन, तूफान तथा ओलावृष्टि के कारण होने वाला नुकसान सम्पूर्ण अर्थव्यवस्था को चपेट में लेता है। यह सही है कि भूकम्प, आकाशीय बिजली, लू, कोहरा, अत्यधिक ठण्ड तथा हिमस्खलन का पूर्वानुमान लगाना कठिन है किन्तु तूफान, सूखा तथा बाढ़ जैसी आपदाएँ एकाएक नहीं आतीं। इनका प्रभाव धीरे-धीरे होता है। ऐसी स्थिति में इन आपदाओं से बचाव, राहत, पुनर्वास तथा रोकथाम के कार्य सफलतापूर्वक किए जा सकते हैं। विडम्बना यह है कि राज्यों में आपदा-प्रबंधन कार्य किसी एक सरकारी विभाग का दायित्व नहीं है। यह कृषि विभाग, राजस्व विभाग, राहत विभाग, विकास विभाग तथा गृह विभाग का संयुक्त दायित्व है। इसी प्रकार विभागीय वार्षिक एवं पंचवर्षीय योजनाओं में भी आपदा-प्रबंधन के कार्य को प्राथमिकता नहीं दी गई है। यही कारण है कि देश का एक हिस्सा सूखे एवं अकाल से ग्रस्त है तो दूसरा निरन्तर बाढ़ की चपेट में रहता है। हालाँकि भारत में गंगा, यमुना, कावेरी, कृष्णा, गोदावरी तथा नर्मदा जैसी बड़ी नदियाँ भी हैं किन्तु इनका अथाह पानी समुद्र में व्यर्थ

जा रहा है। किसी भी राष्ट्र के सर्वांगीण विकास के लिए बहुद्देशीय बड़ी नदी-घाटी बाँध परियोजनाओं का निर्माण अत्यावश्यक है किन्तु भारत में जब भी विकास के लिए बड़ी बाँध परियोजनाएँ प्रस्तावित होती हैं, पर्यावरण की दुहाई देते हुए जनांदोलन शुरू किए जाते हैं। इस प्रकार के आन्दोलनों से न केवल विकास की गति धीमी पड़ती है बल्कि जनसाधारण के मध्य एक गलत संदेश का भी प्रसार होता है जो अंततः नीति-निर्माताओं के प्रति जनता का अविश्वास बढ़ाता है। स्वतन्त्रता के पश्चात् भारत में चहुँमुखी विकास हुआ है, किन्तु समय-असमय आई आपदाओं ने विकास की धारा को अवरूद्ध किया है। विशेषज्ञों के अनुमान के अनुसार अब यह आवश्यक हो गया है कि विकास कार्यों को आपदा-प्रबंधन के दृष्टिकोण से संयुक्त करते हुए नई रणनीति बनाई जाए, जिससे जरूरतमंदों को त्वरित लाभ मिल सकें।

नई आपदाएँ : नव प्रयास

विगत कुछ दशकों से आपदाओं की श्रेणी में प्राकृतिक दुर्घटनाएँ तथा विभीषिकाएँ ही सम्मिलित की जाती थीं, किन्तु विश्वव्यापी आतंकवादी घटनाओं, आगजनी, विमान तथा ट्रेन दुर्घटनाओं, धार्मिक स्थलों की भगदड़ तथा युद्ध एवं आंतरिक अशांति के कारण उत्पन्न हालातों को भी अब इन आपदाओं की श्रेणी में गिना जाने लगा है। आपदा प्रबंध के क्षेत्र में प्राकृतिक आपदाओं के साथ-साथ मानव-प्रेरित या मानव-सृजित आपदाओं को भी सम्मिलित किया जाना प्रासंगिक प्रतीत होता है। विश्व स्तर पर उन महामारियों पर प्रभावी अंकुश लगाया जा चुका है जो व्यापक तथा त्वरित रूप से समाज के एक बड़े भाग को चपेट में ले लेती थी। संक्रामक रोगों के विरूद्ध बनी एंटी-बॉयोटिक दवाओं व टीकाकरण ने इस दिशा में क्रान्ति ला दी है, किन्तु अन्य आपदाएँ आज भी पूर्ववत् मौजूद है।

आपदा-प्रबंधन की राह में एक बड़ी बाधा राज्य सरकारों के पास वित्तीय संसाधनों की कमी होना भी है। यही कारण है कि देश की सभी राज्य सरकारें प्राकृतिक आपदा आते ही केन्द्र सरकार का मुँह ताकने लगती हैं। इस निर्भरता को कम करने का एकमात्र रास्ता यही है कि राज्य सरकारें अपने आंतरिक स्रोतों से एक आपातकालीन राहत कोष स्थापित करें। इस कोष में योजना मद के अन्तर्गत भी कुछ नियमित सहायता केन्द्र सरकार द्वारा दी जानी चाहिए। यद्यपि भारत में राष्ट्रीय आपदा आने पर आम जनता तथा विदेशी अभिकरणों द्वारा पर्याप्त सहायता प्राप्त होती है किन्तु अभी तक इस राशि का विधिवत् प्रयोग सुनिश्चित नहीं किया जा सका है और न ही योजना कार्यों में आपदा-प्रबंधन को यथोचित स्थान दिया गया है। अब समय आ गया है कि हम योजना कार्यों के साथ ही प्राकृतिक एवं मानवीय आपदाओं के प्रबंधन के प्रयास भी शुरू करें अन्यथा विकास की गति में पीछे बने रहेंगे।

❑❑❑

5

आपदा प्रबंधन और सतत् विकास

पृथ्वी पर आपदाओं का आना कोई नई बात नहीं है, लेकिन वर्तमान में इनकी भयवता व तीव्रता में लगातार वृद्धि दर्ज हो रही है। जहाँ पहले केवल प्राकृतिक आपदाएँ ही आती थीं, वहीं आज अनेक मानवजनित आपदाएँ की काफी गति बढ़ रही हैं। औद्योगीकरण के उपरान्त आई समृद्धि के बाद आपदाओं की तीव्रता बढ़ी है, जिनके प्रभाव दशकों से सार्वधिक प्रभावी रहे हैं। मानव ने सम्पन्नता व भौतिकता की होड़ में प्रकृति का अन्धाधुँध विदोहन करने से पृथ्वी पर हर कहीं आपदाओं को जन्म दे रहा है। इन सभी आपदाओं को गति देने में जनसंख्या वृद्धि मुख्य कारण रहा है। आज हम जितनी मात्रा में आर्थिक लाभ लेकर आपदाओं को निमन्त्रण दे रहे हैं। उन्हें प्रबंधित करने में इस लाभ से कई गुणा अधिक खर्च करना पड़ेगा। वर्ष 2005 में अमेरिका में आये केटरिना तूफान से जितना नुकसान हुआ है वह अमेरिका द्वारा ईराक व अफगानिस्तान में चलाये गये सैनिक अभियानों पर किये गए व्यय की तुलना में अधिक है। इसी तरह 26 दिसम्बर, 2004 में हिन्द महासागर में आयी सुनामी त्रासदी ने भी भारत सहित अनेक दक्षिणी-पूर्वी एशियाई देशों को अर्थव्यवस्था को प्रभावित किया तथा इन आपदाओं के प्रभाव आज भी परिलक्षित हो रहे हैं।

वैश्विक परिदृश्य में भारत की स्थिति आपदाओं के प्रभाव की दृष्टि से ठीक नहीं है। भारत विश्व में चीन के बाद दूसरा सर्वाधिक आपदाग्रस्त देश है। यहाँ अनोखी भौगोलिक स्थिति के कारण यह क्षेत्र प्राकृतिक आपदाओं की दृष्टि से अत्यंत संवेदनशील माना जाता है। एक ओर उत्तरी पर्वतीय प्रदेश विवर्तनिक घटनाओं के दौर से गुजर रहा है, दूसरी ओर गुजरात भारतीय एवं अरेबियन प्लेटों के किनारे पर स्थित है, फलस्वरूप दोनों क्षेत्रों में भूकम्प की संवेदनशीलता बनी हुई है। इसी प्रकार पूर्वोत्तर भाग में बाढ़, बंगाल की खाड़ी के तटीय भागों में प्रायः चक्रवातों की मार होती है। सुनामी त्रासदी ने एक नई भयंकर आपदा का

समावेश किया है। इससे पूर्व ऐसी आपदाओं के बारे में भारतीय उपमहाद्वीप के लिए कोई भविष्यवाणी नहीं थी लेकिन विगत शताब्दी से जिस दर से आपदाओं की तीव्रता बढ़ी है उनका प्रबंधन करके सतत् विकास का आधार प्रदान करना आवश्यक है।

आपदा प्रबंधन एवं सतत् विकास के प्रयास पूर्व में किये जाते रहे हैं। प्राकृतिक आपदाओं की गम्भीरता को देखते हुए इनसे होने वाली हानि को रोकने व कम करने के लिए उपयुक्त उपाय करने तथा उनमें निरंतर सुधार की नितांत आवश्यकता है। प्राकृतिक आपदाओं से होने वाले नुकसान को कम करने के लिए संयुक्त राष्ट्र संघ ने सन् 1990-1999 के दशक में अन्तर्राष्ट्रीय प्राकृतिक आपदा न्यूनीकरण दशक के रूप में मनाया। इस दशक में अन्तर्राष्ट्रीय स्तर पर विकासशील देशों में समन्वय स्थापित करके बढ़ती आपदाओं को कम करने के प्रयास किये गये। मई, 1994 में अपनाई गई योकोहामा रणनीति अपनाने पर जोर दिया और इस भयावहता से निपटने के लिए कुछ तथा सुझाए गए।

पृथ्वी पर निवासरत जीवों का भविष्य पर्यावरणीय अनुरक्षण व मूल्यांकन पर निर्भर करता है। इसी उद्देश्य से पर्यावरण के दीर्घावधिक उपयोग एवं अभिवृद्धि के लिए संधृत विकास की संकल्पना का विकास हुआ है। पर्यावरणीय संसाधनों के अतिदोहन या अविवेकपूर्ण तरीकों से उपयोग करने पर पर्यावरणीय ह्रास तथा अस्थिरता उत्पन्न हो रही है। यह सर्वाधिक विकासशील देशों में देखा गया है।

पोषणीयता सभी प्राकृतिक पर्यावरणीय तन्त्रों का एक अन्तः निर्मित लक्षण है, जो मानवीय हस्तक्षेप को न्यूनतम स्तर पर स्वीकार करता है। यह किसी तन्त्र की क्षमता तथा उसके सतत् प्रवाह को अनुरक्षित रखने के लिए सम्बद्ध करता है, जिसके फलस्वरूप वह तन्त्र अपना स्वस्थ अस्तित्व रख पाता है। पर्यावरणीय संसाधनों के मानवीय उपयोग तथा पर्यावरणीय तन्त्रों में हस्तक्षेप के कारण यह अन्तःनिर्मित क्षमता विकृत हो जाती है, जो इसे असंधृत बना देती है। पारिस्थितिकीवद् एक लम्बे समय से प्राकृतिक पर्यावरणीय तन्त्रों में विद्यमान पोषणीयता से अवगत थे, लेकिन संधृत विकास की संकल्पना का विकास दो दशक पूर्व ही हुआ। संधृत विकास शब्द का सर्वप्रथम प्रयोग विश्व संरक्षण रणनीति में 1980 में किया गया, लेकिन यह विस्तार से 1987 में पर्यावरण एवं विकास पर विश्व आयोग (World Commission on Environment and Development—WCED) द्वारा प्रचारित किया गया। WCED के प्रतिवेदन 'Our Common Future' जिसे ब्रुडटलेण्ड प्रतिवेदन (Brundtland Report) के नाम से भी जानते हैं, में सर्वप्रथम इसके व्यवस्थिति रूप में परिभाषित किया गया। इसके अनुसार—"भावी पीढ़ी की अपनी आवश्यकताओं को पूरा करने की क्षमता में ह्रास किये बिना वर्तमान पीढ़ी की आवश्यकताओं को पूरा करना ही संधृत विकास है।"

1987 में यूक्रेन के चरनोबिल परमाणु विपदा के बाद WCED ने लंदन में एक प्रतिवेदन प्रस्तुत किया, जिसे 'ब्रुडटलेण्ड आयोग' के नाम से जाना जाता है। ब्रुडटलैण्ड आयोग ने विकास की सीमा को स्पष्ट करते हुए बताया कि इस सीमा का अर्थ नगण्य विकास

नहीं है, वरन् वर्तमान तकनीकी की स्थिति तथा सामाजिक संगठन द्वारा पर्यावरणीय संसाधनों के उपयोग तथा मानवीय गतिविधियों के प्रभावों को सहन करने की जीवमण्डल की क्षमता में स्थित सीमा पर बल देता है। प्रकृति प्रदत्त जीवन निर्वाहन व्यवस्था को बचाने में हमारी क्षमताओं में कमी आते ही पर्यावरण असन्तुलित हो जाता है।

संधृत विकास की मान्यता है कि उपयुक्त प्रविधि एवं सामाजिक व्यवस्था द्वारा पारिस्थितिकी तन्त्र से पर्याप्त मात्रा में संसाधनों की प्राप्ति हो सकती है, जो मानव समाज की वर्तमान एवं भावी जरूरतों की पूर्ति कर सकते हैं, स्पष्ट यह ऐसा विकास नहीं जो पर्यावरण में विद्यमान संसाधनों उपयोग पर नियन्त्रण रखे जैसा कि पर्यावरण संरक्षण की मान्यता है। लेकिन यह पर्यावरण संरक्षण से हटकर संसाधनों के दोहन पर अंकुश नहीं लगाकर उनकी अभिवृद्धि पर बल देता है। जिसके परिणामस्वरूप मानव एवं पर्यावरण के मध्य एक ऐसी परिवर्तनशील व्यवस्था का उद्भव होता है, जो संसाधनों के विदोहन, प्रौद्योगिकी विकास तथा संस्थागत परिवर्तनों के द्वारा मानव समाज की वर्तमान एवं भावी आवश्यकताओं के मध्य सामंजस्य स्थापित करने को महत्त्व देता है। इस प्रकार संधृत विकास निम्नलिखित सिद्धान्तों पर आधारित है—

1. सामुदायिक जीवन की देखभाल एवं सम्मान करना।
2. मानव जीवन की गुणवत्ता में सुधार।
3. पृथ्वी की सहन क्षमता एवं विविधता का संरक्षण करना।
4. अनव्यकरणीय संसाधनों की गुणवत्ता ह्रास को कम करना।
5. पृथ्वी की निर्वाहन क्षमता को बनाये रखना।
6. व्यक्तिगत दृष्टिकोण तथा नियमों में परिवर्तन।
7. सक्षम समुदायों द्वारा अपने पर्यावरण की देखभाल करना।
8. समग्र विकास तथा संरक्षण के लिए एक राष्ट्रीय आधार तैयार करना।
9. विश्वव्यापी गठबंधन का निर्माण करना।

इस प्रकार संधृत विकास पर्यावरण के ऐसे सकारात्मक संरक्षण पर बल देता है, जिसमें पर्यावरण के जैविक तथा अजैविक घटकों के रक्षण, अनुरक्षण, पुनर्स्थापन, दीर्घकालिक दोहन एवं अभिवृद्धि को समग्र रूप में महत्त्व प्रदान किया गया है।

संधृत विकास पर्यावरण ह्रास को न्यूनतम हानि पहुँचाने वाली प्रौद्योगिकी को विकास, जनसंख्या, नियन्त्रण, संसाधन संरक्षण, भावी आवश्यकताओं को ध्यान में रखते हुए वर्तमान संसाधन उपयोग की रणनीति बनाने आदि पर निर्भर है। यद्यपि यह पारिस्थितिकी तन्त्र के उपयोग की कोई निरपेक्ष सीमा स्वीकार नहीं करता वरन् इसमें उपयुक्त प्रौद्योगिकी विकास द्वारा संसाधनों की अभिवृद्धि कर आवश्यक्ताओं की पूर्ति पर बल देता है।

सतत् विकास के लिए आपदा प्रबंधन की ऐसी रणनीति अपनानी होगी जिसमें पृथ्वी पर उपलब्ध प्राकृतिक संसाधनों के संरक्षण को प्राथमिकता दी जाये। यदि प्राकृतिक संसाधनों की उपलब्धनों उपलब्धता बनी रहेगी तो अनेक आपदाओं का प्रभाव कम होता चला जाएगा, जैसे—हम जल-संसाधन के उपयोग की ऐसी संरक्षणात्मक प्रविधि अपना लेते हैं जिसमें यदि किसी वर्ष कम भी हो जाये तो सूखे की स्थिति का सामना कर सकें। इसी प्रकार वनोन्मूलन पर नियन्त्रण करेंगे तो बाढ़ नियन्त्रण में सहायक होगा। पहाड़ी भागों में बढ़ते भूस्खलन में कमी आयेगी। मृदा अपरदन व मृदा परिच्छेदिका को संरक्षण प्रदान करेगा।

राष्ट्रीय एवं अन्तर्राष्ट्रीय स्तर पर बनी आपदा न्यूनीकरण की नीतियों के अनुसार भी यह माना गया है कि सर्वप्रथम हमें संसाधनों का परम्परागत एवं नूतन अंतरिक्षण तकनीकी से संरक्षण करना होगा ताकि हम सतत् विकास कर सकें क्योंकि भूकम्प, ज्वालामुखी, चक्रवात, सुनामी आदि प्राकृतिक आपदाओं को हम पूर्णतया प्रबंधित नहीं कर सकते केवल इनकी पूर्व सूचना प्रणाली विकसित किया जा सकता है।

आर्थिक विकास के दौर में प्राकृतिक संसाधनों का संरक्षण करके आपदा प्रबंधन एवं अनिवार्यता को प्रभावी बनाया जा सकता है। इन्हें संरक्षण प्रदान कर इनकी पोषणीयता को बढ़ाया जा सकता है। संसाधन संरक्षण का अभिप्रायः यह नहीं कि संसाधनों का दोहन रोककर उपयुक्त मात्रा में उपयोग किया जाना चाहिए। संसाधन संकट का समाधान इनके संरक्षण द्वारा ही सम्भव है, जिसकी आवश्यकता निम्नलिखित कारकों को मद्देनजर रखते हुए महसूस की गई है—

1. संसाधनों का विवेक पूर्ण तरीके से प्रयोग।
2. जनसंख्या के भार को देखते हुए पोषणीय क्षमता का विकास करना।
3. संसाधन उपलब्धता असमानता पर नियन्त्रण व तौर-तरीके से प्रयोग।
4. प्राकृतिक संसाधनों को प्रभावी बनाने की योजना तैयार करना।
5. मृदा संरक्षण पर ध्यान देना।
6. पर्यावरणीय तंत्रों के अनावश्यक हस्तक्षेप पर रोक लगाना।

उपरोक्त सन्निहत उद्देश्यों को ध्यान में रखते हुए प्राकृतिक संसाधनों का संरक्षण व संवर्धन आवश्यक है जिसकी सहायता से आपदा प्रबंधन पर असरदार तरीके अपनाना आसान होगा।

❑❑❑

6

पर्वतीय क्षेत्रों की आपदाएँ

बिजली की कड़कड़ाहट गिरना, तेज बारिश का होना, भू-स्खलन होना तथा बादल का फटना पहाड़ी एवं हिमालवी क्षेत्रों के लिए सामान्य बात है। जून, 2013 में उत्तराखंड के केदारनाथ धाम सहित तमाम अन्य क्षेत्रों में बादल फटने की घटनाओं से बाढ़ तथा तबाही का जो मंज़र पैदा हुआ, ऐसा शायद पहले कभी नहीं देखा गया था। यहाँ पर ग्लेशियर टूटने तथा बादल फटने की घटना के बाद अचानक बाढ़ ने 10 हजार से अधिक लोगों की जिंदगी लील ली।

हिमालय से उठने वाली यह सुनामी सिर्फ केदारनाथ तक ही सीमित नहीं रही, बल्कि कई अन्य क्षेत्रों में भी बादल फटने तथा लगातार बारिश के रूप में कहर बनकर टूटी। इसका सर्वाधिक प्रकोप उत्तराखंड के चार पहाड़ी जिलों रुद्रप्रयाग, चमोली, उत्तरकाशी तथा पिथोरागढ़ को झेलना पड़ा। इन क्षेत्रों से निकलने वाली भागीरथी, मंदाकिनी, अलकनंदा, धौली, नंदाकिनी, भिलंगना, बिरही, पिण्डर और रामगंगा इत्यादि नदियों के कहर से इनके आस-पास बसे दर्जनों गांवों, कस्बों तथा शहरों का बड़ा रिहायशी भू-भाग जल-प्रलय में समा गया। उत्तरकाशी, हेमकुंड, गोविंदघाट, श्रीनगर गढ़वाल, अगस्त्यमुनि, कर्णप्रयाग, रुद्रपयाग, नंदप्रयाग, देवप्रयाग तथा चिन्यालीसौड़ इत्यादि शहरों का एक-तिहाई भाग जल समाधि ले चुका है। उत्तराखंड के पर्वतीय क्षेत्रों में लगातार बारिश तथा बादल फटने की घटनाएँ अभी भी जारी हैं, राज्य के 43 फीसदी भू-भाग पर बसी तकरीबन 22 प्रतिशत आबादी इस आपदा से प्रभावित है। लगभग 5000 से अधिक घर तथा 1000 से अधिक सरकारी तथा व्यावसायिक इमारतें इस आपदा की भेंट चढ़ चुकी हैं, 10 लाख से अधिक लोगों का आशियाना उजड़ चुका है और अधिकांश प्रभावित क्षेत्र सड़क-परिवहन संचार तथा विद्युत जैसी बुनियादी सुविधाओं से कटे हुए हैं।

उत्तराखंड के इतिहास में संभवतः यह पहला मौका था जब चार-धामों (केदारनाथ, बदरीनाथ, गंगोत्री तथा यमुनोत्री) की यात्रा तथा पूजा-अर्चना समय से काफी पहले ही बंद कर दी गयी। दरअसल विश्व प्रसिद्ध इन धामों के कपाट तीर्थाटन के लिए ग्रीष्मकाल में 6 महीनों (अप्रैल-सितंबर) के लिए खोल दिए जाते हैं और बर्फबारी तथा अत्यधिक ठंड के कारण शीतकाल (अक्टूबर-मार्च) में बंद कर दिए जाते हैं। ये तीर्थस्थल काफी ऊंचाई (लगभग 3000 मीटर से अधिक) पर हिमालयी ग्लेशियरों के काफी निकट हैं जिसके कारण ये प्राकृतिक आपदाओं की दृष्टि से बेहद संवेदनशील क्षेत्रों में आते हैं। केदारनाथ धाम (शिव के 12 ज्योतिर्लिंगों में से एक) रुद्रप्रयाग जिले में, बदरीनाथ धाम चमोली जिले में तथा दो गंगोत्री व यमुनोत्री धाम उत्तरकाशी जिले में स्थित हैं। इन चारों धामों से चार प्रमुख नदियां (केदारनाथ से मंदाकिनी, बदरीनाथ से अलकनंदा, गंगोत्री से भागीरथी तथा यमुनोत्री से यमुना) निकलती हैं। अलकनंदा, मंदाकिनी तथा भागीरथी के समागम के बाद देवप्रयाग में ये तीन नदियां 'गंगा' कहलाती हैं। इन चार नदियों की भी दर्जनों सहायक नदियां हैं जिनसे और हाल ही के कुछ वर्षों में बरसात के मौसम में अचानक बाढ़ जैसी स्थितियां पैदा होने से जन-धन की अपार हानि हो रही है। इसके पारिस्थितिकीय, पर्यावरणीय तथा भू-गर्भीय रूप से कई कारण बताए जाते हैं। उपरोक्त चार धामों पर उत्तराखंड की आधी आबादी की आर्थिकी टिकी हुई है क्योंकि इन धामों में प्रतिवर्ष अनुमानतः 18-20 लाख देशी-विदेशी तीर्थयात्री तथा पर्यटक आते हैं, जो उत्तराखंड की अर्थव्यवस्था का चक्का चलाते हैं। मगर उत्तराखंड की इस त्रासदी से यहां के पर्यटन उद्योग को काफी नुकसान उठाना पड़ा है।

हालाँकि उत्तराखंड के पर्वतीय क्षेत्रों में प्राकृतिक आपदाओं का आना कोई नई बात नहीं है मगर अंतर यह है कि जहां पहले ये प्राकृतिक आपदाएं जन-धन को न्यूनतम नुकसान पहुंचाती थी, वहीं अब ये कहर बरपा रही हैं। उत्तराखंड में भूकम्प तथा भू-स्खलन जैसी आपदाएं तो पहले भी काफी देखने को मिलती थीं मगर हाल ही के 5-6 वर्षों में यहां बादल फटने की बढ़ती घटनाओं ने अधिक तबाही मचायी है। यद्यपि उत्तराखंड में प्राकृतिक आपदाओं के लिए पर्यावरणीय, भू-गर्भीय तथा मानव जनित कई कारण हैं, मगर इनके बारे में चर्चा करने से पूर्व हिमालय के उद्‌भव का इतिहास जानना जरूरी है। अब तक किए गए शोधों तथा अध्ययनों के अनुसार, आज से तकरीबन 4 करोड़ वर्ष पूर्व 'टर्शरी काल' में 'हिन्द भूखंड' से विशाल 'यूरेशियन भूखंड' के टकराने से हिमालय अस्तित्व में आया। **'प्लेट टेक्टॉनिक'** सिद्धांत के अनुसार, पृथ्वी की ऊपरी कठोर सतह तकरीबन एक दर्जन भूखंडों में विभाजित है। सोलहवीं शताब्दी तक यही माना जाता था कि पृथ्वी मृत चट्टानों का ढेर है मगर बाद की वैज्ञानिक खोजों से पता चला कि पृथ्वी जीवंत चट्टानों से बनी हुई है जो 'टेक्टॉनिक प्लेटों' के रूप में निरंतर गतिशील हैं। ये प्लेटें दो प्रकार की होती है—(1) 60-65 कि.मी. गहरी महाद्वीपीय प्लेटें तथा (2) 10-15 कि.मी. गहरी महासागरीय प्लेटें।

ये प्लेटें पृथ्वी के पिघले हुए क्रोड पर तैरती रहती हैं तथा हजारों कि.मी. चौड़ी होती हैं। महासागर, महाद्वीप, नदियां, पर्वत तथा मैदान आदि इन गतिशील प्लेटों पर सवार यात्रियों की तरह हैं। पृथ्वी के क्रोड की सक्रियता के कारण ये प्लेटें या भूखंड 1-10 सेमी. प्रतिवर्ष की दर से गतिशील रहते हैं। इस प्रक्रिया में कई चीजें देखने को मिलती हैं मसलन जब ये प्लेटें एक-दूसरे से दूर-दूर होती जाती हैं तो नया 'मैग्मा' ऊपर आ जाता है और महासागरों के बीच पर्वत मेखलाएं बन जाती हैं। कहीं-कहीं ये भूखंड या प्लेटें एक-दूसरे के सापेक्ष रगड़कर घिसती हैं तो बड़े-बड़े भ्रंश बन जाते हैं जैसे-कैलिफोर्निया में। अगर ये प्लेटें एक-दूसरे के नीचे आ जाती हैं तो वहां ज्वालामुखी अथवा पर्वत शृंखलाएं बन जाती हैं। हिमालय पर्वत श्रेणी का उदय भी कमोवेश इसी प्रकार की प्रक्रिया से हुआ है। दरअसल आज जहां हिमालय पर्वत तथा उत्तर का विशाल मैदान है वहां कभी 'टेथिस सागर' हुआ करता था। अब तक किए गए शोधों से यह बात उभरकर सामने आयी है कि लगभग 4 करोड़ वर्ष पूर्व हिंद भूखंड तथा यूरेशियन भूखंड (प्लेटों) की आपस में टक्कर के बाद टेथिस सागर सिकुड़ता चला गया तथा जो मैग्मा ऊपर आया वह धीरे-धीरे मोड़दार पर्वतों की एक शृंखला (हिमालय) के रूप में सामने आया। वैज्ञानिकों का मानना है कि 'टर्शरी काल' के उत्तरार्द्ध में लगभग 1 करोड़ वर्ष पूर्व मुख्य विवर्तनिक (टेक्टॉनिक्स) प्रक्रियाएँ तो समाप्त हो गयीं, मगर आंशिक विवर्तनिक प्रक्रियाएं आज भी जारी हैं। हिंद प्लेट आज भी 5.5 मिली प्रतिवर्ष की गति से उत्तर में यूरेशियन प्लेट की अंदर धंस रही है जिससे हिमालय पर्वत की ऊंचाई प्रतिवर्ष 1-2 सेमी. बढ़ रही है तथा यह 2 सेमी. प्रति वर्ष की दर से उत्तर पूर्व की ओर भी गतिशील है।

हिमालय पर्वत शृंखलाओं के नीच थ्रस्ट अधिक सक्रिय होने के कारण यहां अधिक भूगर्भीय हलचलें होती रहती हैं, चूंकि हिमालय अभी अपने शैशवकाल में है तथा इसका निर्माण अभी भी जारी है। अतः यह क्षेत्र भूकम्पीय तथा भू-स्खलन जैसी प्राकृतिक आपदाओं की दृष्टि से दुनिया के सर्वाधिक संवेदनशील स्थानों में शामिल है। हिमालय के नीचे की 2500 किमी. लंबी 'डिकोलेमा' सतह की निरंतर सक्रियता के कारण यहां अक्सर 5 से 8 तीव्रता के भूकंप आते रहते हैं, छोटे-मोटे भूकम्पों से तो हिमालयी क्षेत्र का पाला हमेशा ही पड़ता रहता है। दरअसल, इन छोटे-बड़े भूकंपों से ही हिमालय की संवेदनशील पहाड़ियां जर्जर हो जाती हैं जिससे यहां बरसात या बादल फटने जैसी स्थितियों में व्यापक मात्रा में भू-स्खलन तथा बाढ़ जैसी समस्याएं पैदा हो जाती हैं। अब सवाल यह उठता है कि उत्तराखंड में पहले भी तो भारी बारिश होती थी तब न तो इतनी भयावह भू-स्खलन या बाढ़ की समस्या पैदा होती थी और न ही इतने व्यापक स्तर पर जन-धन की तबाही होती थी। दरअसल यह प्रकृति अपने आप में संतुलन तथा व्यवस्था का बेजोड़ नमूना है, पहले उत्तराखण्ड के मध्य तथा उच्च हिमालयी क्षेत्रों में पेड़-पौधों तथा वनस्पतियों की हरी-भरी प्रजातियों की ऐसी चादर फैली हुई रहती थी, जो न सिर्फ यहां की आबोहवा को शुद्ध बनाती थी बल्कि इनकी जड़ें भारी बरसात में भी मिट्टी को बांधे रखती थीं, मध्य हिमालयी क्षेत्रों

में लगभग 1500 मी. से 3500 मी. की ऊंचाई तक बांज, बुरांस, देवदार, थुनेर, खर्स, मोरू, भोजपत्र, समेत कई प्रकार के विशाल वृक्षों की बहुतायता थी, जिनकी मजबूत जड़े मिट्टी को भूस्खलन तथा बाढ़ से बचाए रखती थीं तथा इसके माध्यम आकार की मजबूत पत्तियां जमीन में गिरकर चादर बनाती हुई बारिश के पानी की भी निकासी सुनिश्चित करती थीं। अनगिनत छोटे-बड़े वृक्ष प्रजातियों वाले ये घने जंगल तेज बारिश की रफ्तार को भी काफी हद तक थाम लेते थे। इसी प्रकार उच्च हिमालयी क्षेत्र में स्थित बुग्याल तथा पौधों की अनगिनत घनी प्रजातियां बर्फ तथा बरसात दोनों के पानी को काफी हद तक सोख लेती थीं। यही नहीं हिमालय की ये वनस्पतियां काफी हद तक हिमालय की जलवायु, मौसम, तापमान, जैवविविधता तथा पारिस्थितिकी तंत्र को भी संतुलित बनाए रखने में मदद पहुंचाती थीं। मगर उत्तराखण्ड के पर्वतीय क्षेत्रों में ब्रिटिश शासन के मध्यकाल तथा उत्तरार्द्ध में ही पारंपरिक जंगलों का विनाश शुरू हो गया था। ब्रिटिश प्रशासकों ने हिमालयी क्षेत्र में पारंपरिक वनों को काटकर चीड़ के जंगल बसाने शुरू कर दिए। दरअसल, चीड़ द्वारा उन्हें अपने व्यापारिक फायदे के लिए तारकोल, फर्नीचर तथा इमारती लकड़ी की प्राप्ति आसानी से हो सकती थी। फिर भी इस सबके लिए सिर्फ और सिर्फ ब्रिटिश नुमाइंदों को ही जिम्मेदार ठहराना ठीक नहीं होगा क्योंकि उन्होंने इस प्रकार की पहल सिर्फ मध्य हिमालयी क्षेत्र के निचले भागों में शुरू की थी, मगर आजादी के बाद (विशेषकर आर्थिक उदारीकरण के बाद) इस क्षेत्र में व्यावसायिक फायदे तथा विकास के नाम पर बड़ी संख्या में पारंपरिक मिश्रित प्रजातियों वाले वनों का व्यापक स्तर पर विनाश किया गया, साथ ही संपूर्ण मध्य हिमालयी क्षेत्रों में अधिकाधिक चीड़ के पौधे रोपे गए। चीड़ के जंगल व्यावसायिक रूप से अवश्य फायदेमंद हो सकते हैं मगर पर्यावरणीय तथा जनहितों की दृष्टि से काफी नुकसानदायक होते हैं। इनकी जड़ें छोटी होती हैं तथा जड़ों का विस्तार भी काफी सीमित होता है जिसके चलते न तो इनकी जल-संग्रहण क्षमता अधिक होती है और न ही ये मिट्टी पर अपनी मजबूत पकड़ बनाने में सफल रहती हैं। नतीजतन ये बरसात में भू-स्खलन या बाढ़ जैसी स्थितियों को रोकने के बजाय बढ़ाने का काम करती हैं। दूसरा, चीड़ के पेड़ों से जमीन पर भारी मात्रा में गिरा 'पुआल' (सूखा चारा) न सिर्फ वन-अग्नि जैसा दुर्घटनाओं को आमंत्रण देता है बल्कि वनाग्नि के दावानल को और अधिक फैलाने में भी मदद करता है। तीसरा, चीड़ अपने आस-पास अन्य प्रजातियों के पेड़-पौधों को नहीं पनपने देता है। पर्यावरण विज्ञानियों की तमाम चेतावनियों के बावजूद यहाँ पारंपरिक वनों का ह्रास तथा चीड़ के जंगलों का लगातार विस्तार होता रहा है।

दूसरा, उत्तराखण्ड में पर्यटकों की आवक बढ़ने के साथ-साथ अनियोजित विकास की जो आंधी बही, वह हिमालयी क्षेत्र के पर्यावरण के लिए नुकसानदेह साबित हुई। दरहसल उत्तराखण्ड के पर्वतीय राज्यों में सरकारी तथा निजी क्षेत्र के लोगों द्वारा विकास की जो नींव रखी गयी, वह वहां की संवेदनशील पारिस्थितिकी (पर्यावरणीय भौगोलिक तथा भू-गर्भीय मानकों के अनुरूप) तंत्र के अनुरूप बिल्कुल भी नहीं है और इससे पर्वतीय क्षेत्र के

लोगों का समग्र सामाजिक-आर्थिक विकास भी सुनिश्चित नहीं किया जा सकता है। गौरतलब है कि उत्तराखण्ड में छोटी-बड़ी 558 जल विद्युत परियोजनाएँ प्रस्तावित हैं, जिनमें कुछ बन चुकी हैं कुछ निर्माणाधीन हैं तथा कुछ शुरू की जानी बाकी हैं। इन परियोजनाओं के लिए 1500 किमी. से अधिक सुरंगें बनायी जाएंगी। प्रधानमंत्री ग्राम सड़क योजनाओं से ही लगभग 5000 वर्ग किमी. भूमि का खनन किया जाएगा तथा 4000 वर्ग किमी. जंगलों का सफाया हो जाएगा। हालांकि विरोध प्रधानमंत्री ग्राम सड़क योजना से नहीं है क्योंकि पहाड़ के दूर-दराज के गांवों को सड़क-परिवहन से जोड़ना जरूरी कार्यक्रम भी है। दरअसल, विरोध इस बात का है कि सड़क बनाने के लिए जो तकनीकें तथा अन्य प्रकार के अव्यवस्थित व अनियोजित तौर-तरीके अपनाए जा रहे हैं वे पर्वतीय क्षत्रों की भौगोलिक तथा पारिस्थितिक परिस्थितियों के अनुकूल नहीं हैं। केन्द्र सरकार ने उत्तराखण्ड की जल-विद्युत परियोजनाओं में 40000 मेगावाट से लेकर 50000 मेगावाट तक विद्युत उत्पादन का लक्ष्य रखा है ताकि भारत के उत्तरी राज्यों की बढ़ती ऊर्जा आवश्यकताओं को पूरा किया जा सके। यही नहीं इस विद्युत का कुछ हिस्सा भारत के पड़ोसी देशों को भी बेचा जा सकता है, साथ ही कुछ परियोजनाओं से सिंचाई तथा पेयजल की समस्याओं का निदान भी किया जाएगा, जैसे टिहरी जल विद्युत परियोजना। मगर क्या इन सब फायदों के लिए उत्तराखण्ड की समृद्ध पारिस्थितिकी तथा जल-जंगल-जमीन की कुर्बानी देना बुद्धिमत्ता पूर्ण कदम होगा? हालांकि छोटे पनघटों तथा छोटी जल विद्युत परियोजनाओं (लगभग 100 मेगावाट तक) की दृष्टि से उत्तराखण्ड बेहद सुरक्षित माना जाता है तथा इससे उत्तराखण्ड में 20000 मेगावाट से अधिक विद्युत का उत्पादन किया जा सकता है। पर्वतीय क्षेत्रों में झरनों तथा नालों से चलने वाले पनघटों से न सिर्फ आटा पीसने की चक्कियां चलायी जा सकती हैं बल्कि इनमें थोड़ी सी अत्याधुनिक तकनीक का इस्तेमाल करके 200 से 500 आबादी वाले एक पूरे गांव को भी बिजली से रोशन किया जा सकता है। मगर सरकारी उपेक्षा तथा अत्याधुनिकता की चकाचौंध में पर्वतीय क्षेत्रों में पारंपरिक पनघटों का अस्तित्व मिट सा गया है।

पर्वतीय क्षेत्रों में ऊँचे-ऊँचे भवनों का निर्माण और वह भी नदी के आस-पास के क्षेत्रों में समझ से परे लगता है। केदारनाथ की ही बात करें तो खुद 'केदार' का अर्थ ही 'दलदल' या रेतीले पानी से लगाया जाता है। ऐसे में यहाँ पर जायज़-नायायज़ तरीकों से सैकड़ों बड़े-भवनों का निर्माण आखिर क्या सोच कर किया गया तथा किसकी इजाज़त पर किया गया? उत्तराखंड के चार धामों के आस-पास ऐसे कई बड़े-बड़े भवनों का निर्माण पर्यावरणीय मानकों को ताक पर रखकर किया गया है जबकि इनमें से कई भाग नेशनल पार्कों, वन्य-जीव अभयारण्यों तथा संयुक्त राष्ट्र संघ की विरासत सूची (नंदा देवी बायोस्फीयर/फूलों की घाटी) तक में शामिल हैं। केदारनाथ जो चारों ओर बड़े जल स्त्रोतों से घिरा है तथा स्वंय जिसके नीचे पानी व दलदली भूमि है वहां पर व्यापक रूप से मानव बस्ती तथा बड़े भवनों का निर्माण पहले से ही प्राकृतिक आपदा को आमंत्रण देने के समान था। मगर समय से पहले सजग होना न तो सरकार को मंजूर है और न ही आज-जनमानस को, जबकि पर्यावरण

विज्ञानी तथा भू-वैज्ञानिक पिछले काफी समय से इस बात की चेतावनी देते आ रहे थे कि विकास के नाम पर पर्वतीय क्षेत्रों की पारंपरिक प्राकृतिक विरासत पर जिस तरह से मानवीय हस्तक्षेप बढ़ रहा है वह इस क्षेत्र को धीरे-धीरे बारूद के ढेर पर ले जा रहा है। पर्वतीय क्षेत्रों में हाल ही के वर्षों में 'ब्लैक कार्बन' का उत्सर्जन बढ़ना भी पर्यावरण के लिए खतरनाक संकेत है। यह डीज़ल, पेट्रोल, केरोसिन तथा लकडी उत्पादों को चलाने से अधिक पैदा होता है। उत्तराखण्ड के पर्वतीय क्षेत्रों में पिछले एक दशक में वाहनों की संख्या में 4 गुनी वृद्धि हो चुकी है और 60 हजार से अधिक छोटे-बड़े वाहन सड़कों पर दौड़ते हैं (यात्राकाल में तो यह संख्या 2 लाख से ऊपर पहुंच जाती है) ऊपर से सरकार ने पिछले 4-5 सालों से तमाम पर्यावरणीय मानकों को धता बताते हुए कई कंपनियों को यात्राकाल के दौरान नियमित हवाई सेवाएं उपलब्ध कराने की इजाज़त भी दे रखी है। सिर्फ केदारनाथ की यात्रा के लिए ही 7 हेलीकॉप्टर कंपनियां प्रतिदिन 100 से अधिक उड़ानें भरती हैं। निश्चित रूप से इन चीजों से होने वाले कार्बन उत्सर्जन का क्षेत्र के पर्यावरण, जैवविविधता तथा पारिस्थितिक तंत्र पर कुछ न कुछ प्रतिकूल असर अवश्य पड़ता होगा। वैज्ञानिकों की मानें तो ब्लैक कार्बन जलने के बाद ऊपर उठता है और ग्रीन हाउस गैसों की तरह धरती के तापमान को बढ़ा देता है। बढ़े तापमान से गर्म हवाएं मैदानी क्षेत्रों की अपेक्षा ऊपरी ऊंचाई वाले स्थानों पर अपना अधिक प्रभाव दिखाती हैं और इनका सर्वाधिक बुरा असर बुग्यालों तथा ग्लेशियरों पर पड़ता है। ताजा शोध बताते हैं कि पिछले दो दशकों में उत्तराखण्ड के हिमालयी क्षेत्रों में ग्लेशियरों के पिघलने की दर बढ़ी है, युग्यालों का दायरा सिमटने लगा है, पारंपरिक पहाड़ी कृषि तथा बागवानी खत्म हो रही है तथा इस दौरान पेड़-पौधों तथा प्राणियों की गई प्राजातियां खत्म हो चुकी हैं अथवा खत्म होने की कगार पर हैं। पहाड़ी क्षेत्रों में मौसम, जलवायु तथा अन्य प्राकृतिक गतिविधियों में अनियमितता आयी है और अचानक तथा बेमौसमी बारिश भी इसी का एक रूप है।

इन सभी विसंगतियों के लिए सिर्फ और सिर्फ ग्लोबल वार्मिंग, वैश्विक जलवायु परिवर्तन तथा अल-निनो या ला-निनो जैसे प्रभावों को ही जिम्मेदार ठहराना तर्कसंगत होगा। निश्चित रूप से इन सबके लिए समग्र रूप से कई कारण जिम्मेदार हैं और यहां की स्मृद्ध पारिस्थितिकी व्यवस्था में अनुचित मानवीय हस्तक्षेप एवं गतिविधियां भी एक बड़ा कारण हैं। विकास के नाम पर यहां जो अंधेरगर्दी मची है तथा इकोसिस्टम के साथ अनुचित छेड-छाड़ की जा रही है उसे कदापि न्यायसंगत नहीं कहा जा सकता है। राज्य में बड़ी परियोजनाओं के क्रियान्वयन में एक और बात देखी जाती है और वह है विस्थापन, पुनर्वास तथा प्राकृतिक संपदा से हुए नुकसान।

प्राकृतिक आपदाओं से बचाव के उपाय

माना कि आज विकास जरूरी है, मगर पर्यावरण संरक्षण व संवर्द्धन उससे भी अधिक जरूरी है क्योंकि यह न सिर्फ हमारे बल्कि संपूर्ण जीव-जगत के असितत्व से जुड़ा प्रश्न

है अगर उत्तराखण्ड में पर्यावरण तथा विकास को एक-दूसरे के पूरक के रूप में आगे बढ़ाना है तो 'पर्यावरण एवं विकास' से संबंधित ऐसी नीतियां बनानी पड़ेगी, जो यहां की भौगोलिक स्थिति, पारिस्थितिकी तथा जैवविविधता के अनुकूल हों, साथ ही इन नीतियों का सफल क्रियान्वयन, प्रबंधन तथा मूल्यांकन करना भी बेहद जरूरी है।

प्राकृतिक व्यवस्था में अनुचित छेड-छाड़ के बजाय उसके साथ सहजीवी जीवन बिताना चाहिए और उसके संरक्षण तथा संवर्द्धन में सहयोगी बनना चाहिए।

पर्वतीय क्षेत्रों में प्रदूषण फैलाने वाली औद्योगिक इकाइयों अथवा बड़ी परियोजनाओं के बजाय यहां के प्राकृतिक संसाधनों पर आधारित लघु, कुटीर तथा मझोले उद्योगों का विकास करना चाहिए। बागवानी, फल व सब्जी उत्पादन, फ्लोरीकल्चर, मक्खी पालन, रेशम कीट-पालन, जड़ी-बूटी उत्पादन, पहाड़ी मोटे अनाजों का उत्पादन, आयुर्वेदिक दवाइयां बनाना, खाद्य-प्रसंस्करण उद्योग (जूस-जैली-स्क्वैश-अचार, नमकीन-चिप्स-अर्क-इत्र इत्यादि का उत्पादन) हथकरघा उद्योग (रूई व ऊन की कताई छंटाई तथा उससे निर्मित कपड़े, दरियां, गलीचे इत्यादि) तथा पशुपालन पर आधारित उद्योग (भेड़ पालन, बकरी पालन, दुग्ध-उत्पादन आदि) यहां कि पर्यावरणीय व भौगोलिक परिस्थितियों के बेहर अनुकूल हैं। इससे क्षेत्र के प्रत्येक आदमी को स्थायी रोजगार भी प्राप्त होगा और समग्र सामाजिक-आर्थिक विकास भी सुनिश्चित हो पाएगा। इस मायने में सरकार पर्वतीय क्षेत्रों के लिए अलग उद्योग नीति बना सकती है और इन नीतियों के सफल प्रबंधन व क्रियान्वयन के लिए ऋण, रियायतें, प्रोत्साहन, प्रशिक्षण, मार्केटिंग, अनुदान एवं तकनीकी संसाधन मुहैया करवा सकती है। राज्य के किस भाग में किस उद्यम की अधिक संभावनाएं है इसका व्यापक सर्वेक्षण करने के बाद कार्य योजना तैयार की जाए। गरीबी रेखा से नीचे जीवन-यापन करने वालों तथा मूलभूत सुविधाओं से वंचित लोगों को चिन्हित करके इन उद्यमों की स्थापना के लिए सरकार द्वारा विशेष रियायतें तथा सुविधाएँ दी जानी चाहिए।

'पर्यटन-उद्योग' भी राज्य का प्रमुख उद्योग है। मगर पर्यटन उद्योग के कारण भी पर्वतीय क्षेत्रों के पर्यावरणीय हितों को बेहद अधिक नुकसान पहुंचा है इसलिए सरकार को चाहिए कि वह आगे से बेहद सोच-समझकर 'पर्यटन नीति' बनाए जो यहां के पर्यावरणीय एवं भौगोलिक हितों के अनुकूल हो। संवेदनशील पर्यटन एवं धार्मिक तीर्थस्थलों तथा बड़ी नदियों के किनारों पर बड़े व भारी निर्माण कार्यों पर रोक लगा देनी चाहिए। पर्यटकों, तीर्थ यात्रियों तथा स्थानीय लोगों के लिए पर्यावरणीय मानकों का पालन अनिवार्य करने के लिए कानूनी प्रावधान बनाए जाने चाहिए ताकि स्वस्थ पर्यटन तथा इकोटूरिज़्म की संकल्पना को मजबूत किया जा सके। उक्त स्थानों पर राज्य सरकार एवं केन्द्रीय निकाय की ऐसी कार्यालय होना जरूरी है जो पर्यावरणीय पहलुओं की निगरानी करे, लोगों को आवश्यक दिशा-निर्देश दें, जन-जागरूकता का काम करें, पर्यावरण मानकों का पालन न करने वालों के खिलाफ कानून कार्रवाईं करें तथा क्षेत्र के पर्यावरण से जुड़े तमाल पहुलओं की जानकारी समय-समय

पर सरकार को मुहैया करवाता रहे। पॉलीथीन तथा अन्य प्रकार का अजैविकृत कचरा हिमालयी क्षेत्र के पर्यावरण के लिए लंबे समय से मुसीबत का पर्याय बना हुआ है। सरकार को चाहिए कि वह या तो इसके उचित निस्तारण की व्यवस्था करे तथा इसके उपयोग पर पाबंदी लगाए, सार्वजनिक स्थानों पर तथा नदियों में नॉन-बायोडिग्रेडेबल कचरा एवं अपशिष्ट पदार्थों का विसर्जन कानूनी रूप से प्रतिबंधित कर देना चाहिए तथा इनके लिए कुछ स्थान निर्दिष्ट कर दिए जाने चाहिए। पर्वतीय क्षेत्र के प्रमुख पर्यटक स्थलों, तीर्थ स्थलों, शहरों एवं कस्बों में 'सीवेज ट्रीटमेंट प्लांट, रि-साइक्लिंग ट्रीटमेंट प्लांट' के अलावा अन्य ऐसी तकनीकों/विधि-प्रविधियों का विकास किया जाना चाहिए जो कूड़ा-कचरा निस्तारण तथा पानी के शुद्धीकरण में सहायक हों। इससे नदियों में नालों के माध्यम से जाने वाले अपशिष्ट पदार्थों को रोका जा सकता है। पर्याटक स्थलों तथा धार्मिक स्थानों को शुद्ध तथा साफ रखना पर्यावरणीय हितों की दृष्टि से बेहद जरूदी है। इसके अलावा स्वस्थ पर्यटन तथा पर्यवरण मानकों के प्रति जागरूकता फैलाने के लिए पोस्टरों, होर्डिंग्स, रैलियों, सेमिनारों, कार्यशालाओं तथा प्रिंट व इलेक्ट्रानिक मीडिया का भी सहारा लिया जा सकता है।

भू-गर्भीय तथा परिस्थितिकी की दृष्टि से अति संवेदनशील क्षेत्रों को चिन्हित किया जाना चाहिए तथा वहां किसी प्रकार की बड़ी योजनाओं, परियोजनाओं एवं भवनों या रिहायशी बस्तियों तथा खनन कार्यों को पूर्णतः प्रतिबंधित कर देना चाहिए। संरक्षित या आरक्षित क्षेत्रों (राष्ट्रीय पार्क, वन्य जीव अभयारण्य) में भी उक्त प्रकार की सभी औद्योगिक एवं व्यावसायिक गतिविधियों को बंद कर देना चाहिए।

पर्वतीय क्षेत्रों में चीड़ के बजाय पारंपरिक वनस्पतियों वाले मिश्रित वनों के विकास व विस्तार के लिए अधिकाधिक प्रयास करने चाहिए। इसके लिए दीर्घकालिक कार्य योजना बनायी जानी चाहिए और पर्यावरण तथा वन मंत्रालय, वन-विभाग, ग्राम-पंचायतों तथा आम नागरिकों को आपसी सहयोग, सहभागिता तथा समन्वय से इस कार्य योजना का सफल क्रियान्वयन सुनिश्चित करना चाहिए। सिर्फ वृक्षारोपण करना ही काफी नहीं है बल्कि उनके पलने-बढ़ने की जिम्मेदारी भी उक्त निकायों को सुनिश्चित करनी चाहिए।

क्षेत्र में बड़ी जल-विद्युत परियोजनाओं का क्रियान्वयन नहीं किया जाना चाहिए। इसके बजाय छोटी-छोटी जल-विद्युत परियोजनाओं का निर्माण एवं आधुनिक तकनीकों से लैस पनघटों के व्यापक ढांचे का विकास अधिक फायदेमंद है। पर्वतीय क्षेत्रों में सोलर एनर्जी, पवन ऊर्जा, बायो एनर्जी आदि की भी संभावनाएँ मॉजूद हैं। अतः इन आपरंपरिक ऊर्जा स्रोतों का विकास करना भी जरूरी है। जो शहर/कस्बे बड़ी नदियों के किनारे बसे हैं वहां पर मजबूत तटबंध बनाए जाने चाहिए। साथ ही पानी के प्रबंधन व वितरण की उचित व्यवस्था के लिए नयी तकनीकी/विधियों-प्रविधियों का प्रयोग किया जाना चाहिए।

पर्वतीय क्षेत्रों में मौसम जलवायु तथा पारिस्थितिकी से संबंधित क्षेत्र में गहन शोध, अध्ययन एवं विश्लेषण आवश्यक है। मौसम प्रणाली को भी उच्च स्तरीय बनाना जरूरी है।

क्षेत्र में प्रधानमंत्री ग्राम-सड़क योजना तथा अन्य प्रकार की परियोजनाओं में जिस प्रकार बड़े-बड़े डायनामाइट विस्फोटों का सहारा लिया जा रहा है या पर्यावरण को क्षति पहुंचाने वाली अन्य प्रकार की गतिविधियों का संचालन किया जा रहा है, उसे बंद करके उसकी जगह पर अन्य अत्याधुनिक तकनीकों/विधियों-प्रविधियों का प्रयोग किया जाना चाहिए ताकि पर्यावरण की क्षति को न्यूनतम किया जा सके। वास्तुकला तथा ऐतिहासिक व पुरातात्विक दृष्टि से नायाब इमारतों को समेटे एवं संवेदनशील आबादी वाले दिल्ली शहर में मेट्रो ट्रेन परियोजना का सफल निर्माण इसका शानदार उदाहरण है जिसमें पर्यावरण, आबादी तथा इमारतों को क्षति पहुंचाए बगैर अत्याधुनिक तकनीकों तथा विधियों से निर्माण कार्यों को अंजाम दिया गया। पुरानी दिल्ली के 30 मीटर नीचे जब मेट्रो ट्रेन के लिए सुरंग बनायी जा रही थी तो इसमें पारंपरिक विस्फोटों के बजाय विदेशों से मंगायी गयी अत्याधुनिक ड्रिलिंग मशीनों का सहारा लिया गया। पर्वतीय क्षेत्रों में अति संवेदनशील इलाकों में सड़क परिवहन के बजाय रज्जु मार्गों तथा रोपवे या ट्रॉलियों की सहायता से भी नियमित आवागमन सुनिश्चित किया जा सकता है।

यद्यपि उत्तराखण्ड देश का पहला राज्य है जहां नवंबर 2005 में आपदा प्रबंधन, न्यूनीकरण एवं निवारण अधिनियम के अंतर्गत आपदा-प्रबंधन विभाग बनाया गया है। अतः अब समय आ गया है, जब राज्य सरकार को आपदा प्रबंधन विभाग को पुनर्गठन करके तात्कालिक तथा दीर्घकालिक रूप से प्रभावी नीतियां बनानी चाहिए तथा उनके सही क्रियान्वयन के लिए कारगर रणनीति बनानी चाहिए। राज्य में पेशेवर, प्रशिक्षित तथा अत्याधुनिक सामग्रीयों से लैस आपदा-प्रबंधन टीम बनाया जाना बेहद जरूरी है। आपदा-प्रबंधन टीम को कई दस्तों में बांटा जा सकता है जो न सिर्फ लोगों को आपात स्थितियों से बचने के लिए आपदा-प्रबंधन के गुर सिखाये बल्कि पर्यावरणीय हितों के प्रति भी जागरूक करने में अपनी अहम भूमिका निभाएं।

किसी भी औद्योगिक इकाई/योजना परियोजना से अगर पर्यावरण को किसी भी प्रकार की क्षति पहुंचती है तो संबद्ध उद्यमी/संस्था के लिए क्षतिपूर्ति के मानक अनिवार्य रूप से लागू कर देने चाहिए। क्षतिपूर्ति न होने की स्थिति में कार्यदायी निकाय के प्रति कठोर कानूनी कार्रवाई का प्रावधान किया जाना चाहिए। जल-जंगल तथा जमीन के संरक्षण के लिए अधिकाधिक पारंपरिक वनों का विकास व विस्तार जरूरी है तथा प्राकृतिक जल स्रोतों का उचित संरक्षण-संवर्द्धन व प्रबंधन भी जरूरी है।

सरकार को चाहिए कि वह पर्वतीय क्षेत्रों के लिए जो भी नीतियां बनाए उसमें पर्यावरण एवं वन मंत्रालय, आपदा-प्रबंधन-विभाग, मौसम विज्ञान विभाग, कृषि मंत्रालय व कृषि विभाग, खाद्य प्रसंस्करण विभाग, कृषि एवं वानिकी विश्वविद्यालय तथा इससे संबंधित तमाम अन्य समाजसेवी संस्थाएँ परस्पर समन्वय, सहयोग तथा सहभागिता से कार्य करें। मौसम-विभाग को भी अत्याधुनिक बनाना जरूरी है ताकि समय पर प्राकृतिक आपदाओं की सूचनाएँ एवं जलवायु व मौसम संबंधी विस्तृत जानकारियां लोगों को उपलब्ध करायी जा सकें।

सरकार को चाहिए कि वह पर्वतीय क्षेत्रों के लिए जो भी नीतियां बनाए उसमें पर्यावरण एवं वन मंत्रालय, आपदा-प्रबंधन-विभाग, मौसम विज्ञान विभाग, कृषि मंत्रालय व कृषि विभाग, खाद्य प्रसंस्करण विभाग, कृषि एवं वानिकी विश्वविद्यालय तथा इससे संबंधित तमाम अन्य संस्थाएँ परस्पर समन्वय, सहयोग तथा सहभागिता से कार्य करें। मौसम-विभाग को भी उच्चीकृत करना जरूरी है ताकि समय पर प्राकृतिक आपदाओं की सूचनाएँ एवं जलवायु व मौसम संबंधी विस्तृत जानकारियां लोगों को उपलब्ध करायी जा सकें।

प्राकृतिक आपदाएं

1868 : बादल फटने से चमोली स्थित 'बिरही' की सहायक नदी में भू-स्खलन से 70 से अधिक लोग मारे गए।

19 सितंबर, 1880 : नैनीताल में हुए भू-स्खलन में 150 से ज्यादा लोगों की मौत।

1893-94 : बिरही नदी में चट्टान गिरने से बड़ी झील बनी, जिसके फूटने से हरिद्वार तक 80 लोगों की मौत तथा संपत्ति का नुकसान।

1951 : सतपुली (पौड़ी) में नयार नदी में आयी आकस्मिक बाढ़ से 20 बसें बहीं, 65 से ज्यादा लोगों की मौत।

1957 : भू-स्खलन से 'कपकोट के सुडिम' (बागेश्वर) में 12 लोगों की मौत।

1970 : अलकनंदा में बनी झील के फूटने से निचली घाटियों में 70 लोगों की मौत, 'बेलाकूची' (चमोली) से बाढ़ से 30 लोगों की मौत। झड़कुला, सलूड डुंग्रा, बरोसी तथा मोल्टा गांवों में भू-स्खलन से 27 लोगों की मौत।

1973 : दशोली ब्लॉक (चमोली) के 'सैकोट' गांव में बादल फटने से 11 लोगों की मौत।

1977 : भू-स्खलन से 'तवाघाट' में 44 लोगों की मौत।

अगस्त 1978 : कनोडिया गांव (टिहरी) के पास झील फटने से भागीरथी घाटी में 25 लोगों की मौत।

1979 : कौंथा गांव (रुद्रप्रयाग) में भारी भू-स्खलन से 50 लोगों की मौत।

23 जून, 1980 : 'ज्ञानसू' कस्बे (उत्तरकाशी) में भारी भू-स्खलन से 45 लोगों की मौत।

9 सितंबर, 1980 : कन्नौड़िया गांव (उत्तरकाशी) के पास सड़क निर्माण कार्य के दौरान अचानक चट्टान खिसकने से 15 अधिकारी व कर्मचारियों समेत 22 लोगों की मौत।

1983 : 'कर्मी गांव ' (बागेश्वर) में एक नाले में अचानक आयी बाढ़ से 37 लोगों की मौत।

1990 : 'नीलकंठ' (ऋषिकेश) में भारी भू-स्खलन से 100 लोगों की मौत।

अगस्त 1991 : चमोली के विभिन्न गांवों में बादल फटने व भू-स्खलन से 29 लोगों की मौत।

20 अक्टूबर, 1991 : उत्तरकाशी जिले में आए विनाशकारी भूकंप से 150 लोगों की मौत।

1996 : पिथौरागढ़ के बेलकोट तथा रैतोली में बादल फटने से 16 लोगों की मौत।

जुलाई-अगस्त 1998 : ऊखीमठ क्षेत्र के मनसूना-बरूवा-रांऊलैक (रुद्रप्रयाग) में बादल फटने तथा भू-स्खलन की घटना में 120 लोगों की जानें गयी। 17 अगस्त को 'मालपा' (पिथौरागढ़) में भू-स्खलन से 210 लोग जिंदा दफन।

28 मार्च, 1999 : चमोली तथा रुद्रप्रयाग जिले में आए भीषण भूकंप से 100 लोगों की मौत।

2000 : छुड़की गांव (पिथौरागढ़) में भू-स्खलन से 19 लोगों की मौत।

2001 : बूढ़ाकेदार (टिहरी) क्षेत्र में बादल फटने से 16 लोगों की मौत।

16 जुलाई, 2001 : फाटा (रुद्रप्रयाग) क्षेत्र में भू-स्खलन से 40 लोगों की मौत।

अगस्त 2002 : बाल-गंगा घाटी तथा घनसाली (टिहरी) में बादल फटने व भू-स्खलन से 50 लोगों की मौत।

2004 : लामबागड़ तथा मारवाड़ी (जोशीमठ) में बादल फटने व भू-स्खलन से 24 लोगों की मौत।

2007 : देवपुरी तथा बरम (कुमाऊं) में बादल फटने से 30 लोगों की मौत।

2008 : घांघरिया, हेमकुण्ड (चमोली) में ग्लेशियर टूटने से 15 लोगों की मौत।

2010 : सुमगढ़ (बागेश्वर) में एक स्कूल के पास-भूस्खलन से 18 बच्चों की मौत तथा चमोली, पिथौरागढ़, बागेश्वर व उत्तरकाशी में बादल फटने व भू-स्खलन से 45 लोगों की मौत।

2010 : चुन्नी-मंगोली (ऊखीमठ) गांव में बादल फटने से 100 लोगों की मौत।

❑❑❑

7

जलवायु परिवर्तन अनुकूलन और आपदा प्रबंधन

विकासशील देशों में कृषि एवं अन्य संसाधनों का उपयोग आजीविका के लिए आधारभूत प्राथमिक स्रोत के रूप में किया जाता है। इनमें भूकंप, ज्वालामुखी विस्फोट, भूस्खलन आदि भौगोलिक आपदाओं की तुलना में जलवायु परिवर्तन से संबंधित आपदाओं का प्रभाव कहीं अधिक देखा गया हैं।

वैश्विक तपन पर वैज्ञानिक जागरूकता का इतिहास 1980 से भी पहले का है, जो बाद में तीव्र सामाजिक-राजनीतिक जागरूकता के रूप में बदलता जा रहा है। पर्यावरणीय विज्ञान परिषद् द्वारा आयोजित विचार मंथन कार्यशाला अगस्त, 1980 में वह निर्णय किया गया कि हिम झीलों पर बढ़ते जोखिम और अन्य विध्वंसक बाढ़ों, सूखा और अकाल, आंधियों और महामारी के प्रकोप पर काफी चिंता जनक स्थिति बनी है। हालांकि, इन बदलावों के लिए जिम्मेदार वैज्ञानिक पहचान बहुत कमजोर थी। जलवायु परिवर्तन पर अंतर सरकारी पैनल (आईपीसीसी) ने आपदाओं पर जलवायु परिवर्तन के प्रभाव को विज्ञान के आधार पर प्रस्तुत करने में अग्रणी भूमिका निभाई।

आईपीसीसी की चौथी आकलन रिपोर्ट (2007) ने वैश्विक स्तर पर आपदा जोखिम प्रबंधन के साथ जलवायु परिवर्तन अनुकूलन को केंद्रित करने के लिए राजनीतिक मान्यताएँ दिलाने में महत्वपूर्ण भूमिका निभाई। इसे हम आपदा प्रबंधन में दूसरे बड़े बदलाव के रूप में देखते हैं। इसमें तीन पहलुओं पर ध्यान दिया गया थाः (1) खतरनाक जोखिम समस्या का हल, (2) अतिसंवेदनशीलता की कमी, और (3) पर्यावरण ज्ञान पर आधारित विचार इसके पहले के बदलाव में आपदा प्रबंधन में 'बचाव एवं राहत' से आगे आकर 'रोकथाम तैयारी' पर केंद्रित दृष्टिकोण अपनाया गया था।

वैश्विक स्तर पर 'आपदा प्रबंधन' पर्यावरण परिवर्तनों को महसूस कर अर्थशास्त्र और इंजीनियरिंग की भांति बदलाव के दौर से गुजर रहा है। पर्यावरण परिवर्तन के तीन पहलू

हैंः जलवायु परिवर्तन, भूमि उपयोग और, परितंत्र में बदलाव, ये सभी जटिल विनाशकारी खतरों और बढ़ते जोखिम के हैं। प्राकृतिक आपदा न्यूनीकरण के लिए संयुक्त राष्ट्र अंतर्राष्ट्रीय दशक (आईडीएनडीआर 1990-99) से काल केलेकर ह्योगो फ्रेमवर्क ऑफ एक्शन (2005-15) तक पारिस्थितिकी और आपदा प्रबंधन के क्षेत्र में कार्य करने के दौरान आरंभिक अभियांत्रिकी पर आधारिक रोकथाम सिद्धांत को व्यापक समुदाय द्वारा अपनाने और तैयारी पर जोर देते हुए सामाजिक-आर्थिक आधारित जोखिम पर केंद्रित दृष्टिकोण का साक्षी रहा है। एक सुरक्षित विश्व के लिए योकोहामा रणनीति और योजना को विश्व सम्मेलन (1994) में अपनाया गया। इसमें स्पष्ट रूप से पर्यावरण एवं विकास पर संयुक्त राष्ट्र सम्मेलन और एजेंडा 21 को उल्लिखित करते हुए आपदा न्यूनीकरण और धारणीय विकास के बीच नजदीकी अंतरसंबंध को रेखांकित किया गया था। हालाँकि, ह्योगो फ्रेमवर्क की समीक्षा प्राथमिकता 4 हो गई, जिसमें आपदा जोखिम के कारणों और इसके अतिसंवेदनशील परिणामों को रेखांकित करने में राष्ट्रों के असफल होने बात सामने आई। जलवायु परिवर्तन के प्रभावों की पहचान से न केवल खतरों बल्कि इसके साथ ही अतिसंवेदनशील परिणामों और जोखिम प्रबंधन क्षमताओं (सारणी 2) के आधार पर आपदा जोखिम न्यूनीकरण को शामिल कर जलवायु परिवर्तन अनुकूलन की बात स्पष्ट होती है। इसी बात पर जून 2014 में थाइलैंड में आयोजित आपदा जोखिम न्यूनीकरण पर छठे एशियाई मंत्री स्तरीय सम्मेलन में स्वीकृत बैंकॉक घोषणा और पोस्ट-ह्योगो फ्रेमवर्क पर एशिया-प्रशांत इनपुट दस्तावेज में स्पष्ट संदेश के तौर पर जोर दिया गया था। विश्व सम्मेलन 2015 के परिणामस्वरूप आपदा जोखिम न्यूनीकरण (2015-30) के लिए सेंडई फ्रेमवर्क में इस एकीकरण के लिए स्पष्ट रूप से आवाज़ उठाई गयी थी।

जलवायु आपदाओं से जोखिम

एशियाई क्षेत्रों में विशुद्ध भू-भौतिकीय कारणों से उत्पन्न आपदाओं की तुलना में जलवायु परिवर्तन से संबंधित आपदाएँ अधिक आई और उनका प्रभाव कहीं अधिक था। जलवायु परिवर्तन के प्रभावों पर ठोस बातचीत मुंबई और उसके बाद कई एशियाई शहरों ढाका, इस्लामाबाद, सूरत, भोपाल, बंगलुरू, कोलकाता, दिल्ली, हैदराबाद आदि में आई विनाशकारी शहरी बाढ़ के बाद आरंभ हुई। भारतीय तटवर्ती और उप-तटवर्ती राज्यों, इस खेत्र में स्थिति अन्य देशों और द्वीपों को प्रभावित करने वाले चक्रवाती आपदाओं उदाहरणस्वरूप फाइलिन और हुदहुद, की बढ़ती बारंबारता और तीव्रता, उत्तराखण्ड और कश्मीर में विनाशकारी बाढ़, महाराष्ट्र और आंध्र प्रदेश में तीव्र लू, साल दर साल सूखे क्षेत्रों में हो रही बढ़ोतरी ने वैज्ञानिक और रणनीतिक जगत को साथ आकर धारणीय और सुरक्षित विकास के लिए काम करने को मजबूर किया है। एशिया प्रशांत के ज्यादातर देश विकास या अल्प विकास के विभिन्न चरणों में हैं और, अतः इसलिए न केवल भूमि और जलवायु बल्कि और अधिक गम्भीर रूप से अपने सामाजिक-आर्थिक संसाधनों की संवेदनशीलता से भी जुझ रहे हैं। थाइलैंड और म्यांमार में हाल में आई बाढ़ को समुदाय और सार्वजनिक अवसंरचना, पारिस्थितिकी सेवाओं और, उसके आधार पर उनकी आजिविका और आर्थिक जीविका पर दीर्घ अवरोधी प्रभाव डालने वाली घटना के रूप में जाना गया। नेपाल के गोरखा

भूकंप 2015 और झटकों के प्रभाव से पहाड़ी ढलानों पर भूस्खलन हुआ और जलवायु परिवर्तन तथा पारिस्थितिकी क्षरण से जोखिम और अधिक बढ़ गया। बर्ल्ड फ्लू, हिपेटिटाइटिस, चिकुनगुनिया, डेंगू आदि बीमारियों की उत्पत्ति और प्रसार भी क्षेत्रीय मौसम के प्रारूप और जलवायु व्यवस्थाओं में परिवर्तन से जुड़ा हुआ है।

सारणी 1 : परिदृश्य पर आधारित तापमान व वर्षण की दशा शुष्क व अर्धशुष्क

परिदृश्य	उप-क्षेत्र में अधिकतम तापमान में रुझान (गर्म और सर्द दिनों)	न्यूनतम तापमान में रुझान (गर्म और सर्द रातों में)	गर्म लहरों/गर्म आंधी और सूखे में रुझान	भारी वर्षण में रुझान सूखेपन में रुझान (बारिश, बर्फ)	सूखेपन और अकाल में रुझान
ए	गर्मी के दिनों में बढ़ोतरी (गर्म दिन घटते हैं)	गर्मी की रातों में बढ़ोतरी (सर्द रातों में कमी)	अपर्याप्त साक्ष्य	भारत में मिश्रित संकेत	विभिन्न अध्ययनों और सूचकांकों के लिए असंगत संकेत
बी	गर्मी के दिनों में बढ़ोतरी के अनुमान (सर्द दिनों में कमी)	गर्मी की रातों में बढ़ोतरी के अनुमान (सर्द रातों में कमी)	पहले से अधिक बार और/या दीर्घ अवधि की गर्म लहरें और गर्म आंधी की संभावना	प्रतिशत डीपी 10 सूचकांक में हल्की या कोई बढ़ोतरी नहीं दक्षिण एशिया के क्षेत्र में पहले से अधिक बार और तीव्र भारी वर्षण के दिनों में बढ़ोतरी	असंगत परिवर्तन

जलवायु परिवर्तन के चरम पर पहुंचने से मानव और परितंत्र को व्यापक क्षति हो सकती है। इससे आर्थिक नुकसान होगा, पर्यटन और कृषि जैसे विभिन्न क्षेत्रों, शहरी बस्तियों पर और छोटे द्विपीय देशों पर गंभीर प्रभाव पड़ेगा। चरम घटनाओं का जल, कृषि

और खाद्य सुरक्षा, वानिकी, स्वास्थ्य और पर्यटन जैसे जलवायु से नजदीकी तौर पर जुड़े अथवा निर्भर क्षेत्रों पर सबसे अधिक प्रभाव पड़ता है।

कई शुष्क और अर्द्धशुष्क क्षेत्रों में जल की उपलब्धता और जल की गुणवत्ता में कमी—

(i) कई क्षेत्रों में बाढ़ और अकाल के खतरे बढ़ गए हैं,

(ii) पहाड़ी आवासों में जल नियमन में कमी,

(iii) बायोमास उत्पादन की विश्वसनीयता में कमी आ रही है,

(iv) मलेरिया, डेंगू और हैजा जैसे जल जनित रोगों की घटनाओं में बढ़ोतरी हो रही है,

(v) मौसमी घटनाओं के चरम पर पहुंचने से इसके कारण क्षति और मृत्यु में वृद्धि हुई है,

(vi) कृषि उत्पादकता में कमी आई है, मत्स्य पालन पर प्रतिकूल असर हुआ है, और

(vii) पारिस्थितिकी तंत्रों पर प्रतिकूल असर पड़ता है।

आपदाओं पर जलवायु परिवर्तन के प्रभाव को पृथक करके देखने के बजाए भूमि उपयोग बदलाव और प्राकृतिक संसाधन अपक्षरण जैसे पर्यावरणीय बदलावों के अन्य पहलुओं के साथ देखे जाने की जरूरत है। अनियोजित या खराब तरीके से नियोजित शहरीकरण एवं औद्योगिक संकुलन और बाढ़ क्षेत्र, अपरदन वाले ढलानों, पहाड़ी ढलानों में निष्क्रिय जल निकासी चैनलों जैसे जोखिम भरे क्षेत्रों में दखल, खेती एवं अन्य सम्बद्ध कृषि कार्यों में एकांगी प्रवृत्ति को बढ़ावा देता है और आधुनिक यद्यपि असुरक्षित आवास को बढ़ावा देता है, प्रौद्योगिकीय अनुप्रयोगों में कमी के बावजूद इस प्रकार के जोखिम आपदाओं का रूप धारण कर लेते हैं।

आपदा जोखिम न्यूनीकरण को जोखिमों को हल करने वाले, अतिसंवेदनशीलता को कम करने वाले और क्षमताओं को बढ़ाने वाले (रोकथाम-रोकथाम और प्रभावी आपात तैयारी पर केन्द्रित) त्रिस्तरीय उद्देश्यों का एक व्यवस्थित मिश्रण समझा जाता है। जब जलवायु परिवर्तित होती है तो स्थिति और बदतर होती है, जैसे सौ वर्ष की अवधि में हुई वर्षा दस वर्ष में ही हो जाती है, समुद्र के स्तर में बढ़ोत्तरी से तटीय तूफानी लहरों में इजाफा होता है तथा बारम्बार शक्तिशाली प्रभंजन जाते हैं, विनाशकारी बवन्डर की आवृत्ति और तीव्रता में वृद्धि होती है, सूखे के कारण जंगल में आग लगने की घटनाओं और उसके दायरे में वृद्धि होती है और किसानों को अपरिचित मौसमी प्रकोपों को झेलने के लिए मजबूर होना पड़ता है। अतिसंवेदनशीलता को एक हानिप्रद परिस्थिति या घटना के प्रति लोगों, सम्पत्ति,

पारितन्त्रों, संसाधनों और सांस्कृतिक, आर्थिक तथा सामाजिक गतिविधियों की संवेदनशीलता के दायरे के सन्दर्भ में समझा जाता है। यह एक प्रतिकूल वातावरण के प्रभाव का सामना करने में असमर्थता को दर्शाता है। असुरक्षा की खिड़की वह समय-सीमा है जिसके भीतर सुरक्षात्मक उपाय कम हो जाते हैं, उनसे समझौता हो जाता है या वे कम रह जाते हैं। रोकथाम से तात्पर्य उन व्यापक गतिविधियों से है जो तनाव को रोककर सहनशीलता को बढ़ाता है, 'सामाजिक-अर्थव्यवस्था' के वातावरण के उभरे हुए 'घटक' को उपचार और लचीलापन प्रदान करता है, और उसके जरिए आपदा प्रबन्धन के सन्दर्भ से अलग जलवायु परिवर्तन उपचार में विभिन्न धारणाओं को व्यक्त करता है। 'अनुकूलन' परिणामों को सम्बोधित करने से जुड़ा हुआ है, और इसलिए "जलवायु परिवर्तन प्रभाव के प्रति अनुकूलता" एक जादुई संकल्पना के तौर पर "रोकथाम-रोकथाम और तैयारी" के मिश्रण

सारणी 2 : आपदाओं के लिए जलवायु परिवर्तन के प्रभाव

जलवायु परिवर्तन के प्रभाव	**जल सम्बन्धित आपदा**	**पारिस्थितिक आपदा**	**रासायनिक आपदा**	**भूभौतिकीय आपदा**	**जैविक आपदा**
उत्तेजक संकट	बाढ़, अकाल, चक्रवात, आंधी, लहरें	जंगल में आग, भूस्खलन, तटीय अपक्षरण	रेडियोधर्मी चीजों को विमुक्त करना	भूस्खलन को बढ़ावा, अपरदन	एलर्जी रोग और महामारी
संवेदनशीलता	पारितन्त्र क्षरण	जलवाष्प में कमी, हरित क्षेत्र में कमी, प्रजातियों के आवास में परिवर्तन	पर्यावरणीय सुविधाओं में परिवर्तन	वनस्पतियों में बदलाव, हिमनदों और बर्फ का पिघलना	रोगाणुओं में बदलाव, सामाजिक संसाधनों की क्षति
आपदा प्रभाव	अपशिष्ट और पर्यावरणीय-स्वास्थ्य मामले, पारिस्थितिकी तन्त्रों और प्राकृतिक संसाधनों पर प्रभाव	जैव विविधता पर प्रभाव	पारितन्त्र सेवाओं और समुदाय की आजीविका पर प्रभाव	भू-तन्त्रों और प्राकृतिक संसाधनों पर प्रभाव	अपशिष्ट और पर्यावरणीय-स्वास्थ्य मामले

के काफी नजदीक है, आपदा प्रबन्धन में नए प्रतिमान के रूप में उपस्थित है। यह मानव पर्यावरण के साथ प्रभावों के उपस्थित जटिल परिदृश्य में बने रहने के लिए योग्यताओं का एक समूह विकसित करने पर केन्द्रित है।

'आपदा रोकथाम' से तात्पर्य जोखिम को कम करने, खतरे या डरावनी आपदा परिस्थिति के प्रभाव को कम करने के लिए किए गए मानवीय हस्तक्षेपों से है। आपदा रोकथाम में विभिन्न 'संरचनात्मक' और 'गैर-संरचनात्मक' हस्तक्षेपों को शामिल किया जाता है। चूंकि अनुकूलन के प्रारूप जिला और स्थानीय स्तर पर नियोजित किए जाते हैं, इसलिए आपदा रोकथाम की स्पष्ट समझ की जरूरत नियोजन और कार्यान्वयन के सभी स्तरों पर होती है, और इसके लिए जरूरी रणनीतिक दस्तावेजों में भी इसकी जरूरत होती है।

आपदा जोखिम और इसके प्रबन्धन के लिए चार प्रमुख दृष्टिकोणों की आवश्यकता पड़ती है, जैसे—

(i) अभियांत्रिकी पर केन्द्रित संरचनात्मक दृष्टिकोण

(ii) समुदाय पर केन्द्रित तैयारी आधारित दृष्टिकोण

(iii) केन्द्रीयकृत समन्वय आधारित दुर्घटना कमान प्रणाली (आपात प्रतिक्रिया के लिए), और आपदा जोखिम प्रबन्धन के लिए पर्यावरण आधारित एकीकृत दृष्टिकोण

पर्यावरण और आपदा जोखिम न्यूनीकरण (पी.ई.डी.आर.आर.) और पारितन्त्र आधारित अनुकूलन (ई.बी.ए.) पर संयुक्त राष्ट की साझेदारी के जरिए 'आपदा जोखिम न्यूनीकरण (इको डी.आर.आर.) के लिए पारितन्त्रीय दृष्टिकोण' का हाल के वैश्विक दबाव से दोनों के उद्देश्यों और दृष्टिकोण में एकरूपता देखी गई है, और इसलिए आजीविका में लचीलापन, खाद्य सुरक्षा, स्वास्थ्य संसाधनों और अन्य पारितन्त्र सेवाओं के सन्दर्भ में समुदायों को परस्पर लाभ पहुंचा रहे हैं। निष्कर्षत: उनकी अर्थव्यवस्था को मजबूती मिल रही है और अतिसंवेदनशीलता में कमी आ रही है।

सारणी 3 : आपदा जोखिम प्रबन्धन के घटक

खतरनाक घटना के उत्पन्न होने के जोखिम में कमी लाना	खतरा रोकथाम	शमन या	नियन्त्रण के जरिए
खतरनाक घटना के प्रभाव में कमी लाना	परिहार/प्रवास	लचीलापन	प्रभाव नियन्त्रण
समावेशन क्षमता	क्षति को रोकना	नुकसानों को रोकना	शीघ्र सामान्यीकरण

जलवायु परिवर्तन से सम्बन्धित आपदा प्रबन्धन में रोकथाम, तैयारी, पुनर्वास, पुनर्निमाण और पुनः प्राप्ति सहित सभी पहलू शामिल होते हैं, और निम्नलिखित उपलब्ध कराते हैं :

(i) प्रभावी नियोजना, कार्यान्वयन और वित्तपोषण के लिए तकनीकी-वैधानिक और संस्थागत फ्रेमवर्क स्थापित की जाती है।

(ii) योजनाओं और परियोजनाओं के जरिए विकास की प्रक्रिया और आपदा जोखिम रोकथाम उपायों के लिए बहु-क्षेत्रीय आपदा जोखिम प्रबन्धन को शामिल किया जाना।

(iii) आपदा जोखिम न्यूनीकरण नीतियों और योजनाओं का सर्वांगीण, सहयोगात्मक, समावेशी और सतत ढंग से एकीकरण।

जलवायु परिवर्तन अनुकूलन के जरिए सतत विकास के उद्देश्यों को रणनीतिक ढंग से क्रियान्वित करने और आपदा जोखिमों का एकीकृत ढंग से सामना करने में वर्तमान के अन्तर और उसके परिणामस्वरूप चुनौतियों को देखने पर, एशिया प्रशान्त क्षेत्र में म्यान्मार, कम्बोडिया, फिलिपिन्स, इण्डोनेशिया, बांग्लादेश आदि जैसे कई छोटे देशों के पहल और नवाचार उल्लेखनीय प्रतीत होते हैं, जहां पर आपदा जोखिम न्यूनीकरण के मामले और इसके लिए हस्तक्षेपों को क्षेत्रों, शासन और संस्थानों के तहत एकीकृत किया गया है।

प्राथमिक तौर पर पर्यावरण गुणवत्ता और संसाधन प्रबन्धन क्षेत्रों को ध्यान में रखकर पर्यावरण और इसके संघटक प्राकृतिक संसाधनों (प्रक्रियाओं और नियोजन) तथा पर्यावरण सेवाओं से जुड़े नियामकीय प्रावधान किए गए हैं, और सतत मानव विकास के निम्न तीन हिस्सों (1) अवसंरचना और उद्योग, (2) पर्यावरण और प्राकृतिक संसाधन तथा (3) समाज कल्याण और सांस्कृतिक सेवा, से जुड़े नियामकीय प्रावधान और कानून आपदा जोखिम प्रबन्धन को प्रासंगिक बनाते हैं। खतरों को हल करने, असुरक्षा के मूल कारणों को कम करने तथा क्षमता-वर्द्धन में वैधानिक प्रावधान महत्त्वपूर्ण भूमिका अदा करते हैं, एवं इसके जरिए जलवायु परिर्वतन अनुकूलन और आपदा जोखिम प्रबन्धन से जुड़ते हैं। इस सम्बन्ध में हमने विभिन्न अन्तर्राष्ट्रीय और राष्ट्रीय विधान का अध्ययन किया है।

बदलती जलवायु और इसके नतीजों की पृष्ठभूमि में आपदा प्रबन्धन को मजबूत करने के लिए विश्व भर में तथा एशिया प्रशान्त के देशों में भी कई पहल की गई हैं। भारत में आपदा कानून में स्पष्ट रूप से ''पर्यावरण'' को आपदा प्रबन्धन में बड़े पहलू के रूप में शामिल किया गया है, और इसके जरिए एकीकरण के लिए महत्त्वपूर्ण मौके उपलब्ध कराए गए हैं। **भारतीय आपदा प्रबन्धन अधिनियम (2005)** के अनुसार, आपदा को ''तबाही, दुर्घटना, प्राकृतिक आपदा या किसी क्षेत्र में प्राकृतिक या मानव निर्मित कारणों से या दुर्घटना के कारण अथवा लापरवाही के कारण घटित घटना जिसमें जीवन समाप्त होने या मानव पीड़ा या सम्पत्ति की क्षति और बर्बादी या पर्यावरण का नुकसान या अपक्षण

और प्रभावित क्षेत्र की ऐसी प्रकृति और मात्रात्मक घटना जिसका सामना करना वहीं के समुदाय की क्षमता से बाहर हो'' के रूप में परिभाषित किया गया है। आपदा जोखिम न्यूनीकरण के एकीकरण अनुकूलन के लिए निम्नलिखित महत्त्वपूर्ण अवसर प्राप्त होते हैं :

(i) राष्ट्रीय पर्यावरण नीति, 2006।

(ii) राष्ट्रीय आपदा प्रबन्धन नीति, 2009।

(iii) राष्ट्रीय जल नीति, 2002 (संशोधन-2012 के तहत)।

(iv) राष्ट्रीय वन नीति।

(v) राष्ट्रीय शहरी स्वच्छता नीति।

(vi) राष्ट्रीय कृषि नीति।

(vii) राष्ट्रीय भूमि-उपयोग नीति (ड्राफ्ट/विचाराधीन)।

(viii) जलवायु परिवर्तन पर रणनीति (राष्ट्रीय कार्य योजना)।

आपदा प्रबंधन के सम्बन्धित महत्त्वपूर्ण योजनाएँ

आपदा प्रबन्धन के लिए राष्ट्रीय योजना :

इसे सम्बन्धित मन्त्रालयों/एजेन्सियों और राज्य सरकारों से प्रतिक्रिया लेकर, आपदा प्रबन्धन अधिनियम, 2005 के अनुसार समग्र और परामर्शी तरीके से विकसित किए जाने की जरूरत है। 2013 में उत्तराखण्ड में आई आपदा के बाद हमने राष्ट्रीय कार्यकारिणी समिति के तत्वावधान में राष्ट्रीय योजना तैयार करने के लिए तीव्र कदम उठाए। इसके प्रमुख घटक है। खतरे का जोखिम और असुरक्षा प्रोफाइल, रोकथाम योजना, प्रतिक्रिया योजना और मानव संसाधन क्षमता निर्माण योजना। इस अवसर का उपयोग वित्तीय रणनीतियां बनाने और आपात प्रतिक्रिया योजना सहित समूची प्रक्रिया में जलवायु परिवर्तन के मामले को एकीकृत करने के लिए किया गया।

राष्ट्रीय मानव संसाधन योजना, 2012

योजना तैयार करते समय, राज्यों की क्षमता निर्मित करने वाले संस्थानों, विभिन्न क्षेत्रों में व विभिन्न स्तरों पर गतिविधियों, जलवायु जोखिम के हल के लिए संसाधनों के अनुमान पर आधारित एक ठोस आंकलन वैधनिक स्वीकारोक्ति के तौर पर एक प्रमुख कसौटी था। विभिन्न एजेन्सियों, संस्थाओं और साझीदारों के लिए भूमिकाओं और जिम्मेदारियों के लिए नीति बनाई गई।

आपदा प्रबन्धन हेतु राष्ट्रीय दिशा-निर्देश

राष्ट्रीय आपदा प्रबन्धन प्राधिकरण ने बाढ़, शहरी बाढ़, सूखा, चक्रवात, भू-स्खलन जैसी जलवायु परिवर्तन से जुड़ी आपदाओं के लिए दिशा-निर्देश तैयार किए हैं, और इसके

तहत जलवायु परिवर्तन के प्रभाव के लिए महत्त्वपूर्ण अनुकूलन विकल्पों को प्रावधान के तहत शामिल किया गया है।

आपदा की स्थिति में प्रभावी और समय पर कार्रवाई करने के लिए पूर्व चेतावनी में सुधार किया जाना बहुत जरूरी है। चक्रवात की चेतावनी में सुधार आया है, और इसका लाभ फैलिन और हुदहुद जैसे चक्रवातों के प्रबन्धन में देखने को मिला था। भारत का मौसम विज्ञान विभाग निगरानी और पूर्वानुमान के लिए अपने नेटवर्क में सुधार के लिए कमर कस रहा है।

जिला स्तर पर उत्तर प्रदेश के गोरखपुर जिले में जलवायु लचीलापन और आपदा जोखिम पर केन्द्रित विभागीय योजना की प्रगति को दिखाने के लिए एक पहल की गई है। इस प्रक्रिया को "साझा अध्ययन" कहा जाता है, इसका उपयोग जलवायु भविष्यवाणी में सुधार करने और जिले की जलवायु लचीलापन पर आधारित आपदा प्रबन्धन योजना के लिए किया जाता है।

आपदा प्रबन्धन योजनाओं के लिए कार्य योजनाएँ

जलवायु परिवर्तन के प्रभावों और आपदा जोखिमों का सामना करने के लिए तटवर्ती क्षेत्रों और स्थानीय समुदायों की विशेष चुनौतियों को देखते हुए, तमिलनाडु और आन्ध्र प्रदेश में पायलट परियोजनाओं के सबक को जिला आपदा प्रबन्धन योजना के फ्रेमवर्क में शामिल किया गया। प्रक्रिया के परिणामों को जलवायु परिवर्तन पर राज्य कार्य योजना और राज्य आपदा प्रबन्धन योजना के साथ सटीक ताल-मेल बिठाने के लिए शामिल किया गया था। जलवायु लचीलापन ग्राम योजनाओं को भी सामूहिक सहयोग की प्रक्रिया अपनाकर विकसित किया गया।

महात्मा गांधी राष्ट्रीय रोजगार गारण्टी योजना, इन्दिरा आवास योजना, एकीकृत जल विकास परियोजना, जवाहर लाल नेहरू शहरी नवीकरण मिशन, प्रधानमन्त्री सिंचाई योजना आदि जैसे सरकार की विभिन्न कार्यक्रमों और योजनाओं का विश्लेषण किया गया है और उनके समायोजन को जलवायु परिवर्तन सम्बन्धित आपदा प्रबन्धन के साथ एकीकृत करने के लिए निरूपित किया गया है।

सरकार, समुदाय, कॉर्पोरेट और सार्वजनिक निजी भागीदारी की जलवायु परिवर्तन अनुकूलन और आपदा जोखिम प्रबन्धन के सह-लाभ के साथ कई जमीनी हस्तक्षेप किए गए थे। इस प्रकार व्यवहारों के सबक को नीतियों और योजनाओं के निर्माण में शामिल करने के लिए इनके दस्तावेजीकरण की संस्तुति की गई है। 27 जनवरी, 2014 को जारी घोषणापत्र में बाढ़ से उबरने वाले आवास विशेषीकृत निर्माण कोड की बात कही गई थी। वर्ष 2015 में जलवायु परिवर्तन पर नए सतत विकास लक्ष्यों और एक नए प्रोटोकॉल के रूप में विशेष उपलब्धि दर्ज हुई है। क्रियान्वयन के लिए प्रभावी क्षमता, समायोजित और

जांचे गए उपकरणों और जिला एवं ग्राम स्तर पर नीति निर्माण प्रारूप की जरूरत होगी। पर्यावरण सुरक्षा अधिनियम, 1986 से समय से ही जिला स्तर पर एक 'पर्यावरण कार्य योजना' पहुप्रतिक्षित है। समय की मांग को देखते हुए नियोजन प्रक्रिया में सुधार और उपयुक्त जागरुकता व प्रभावी शासन, लोगों और उनके संसाधनों की सुरक्षा सतत विकास के ठोस घटक हैं। सतत विकास के लिए सामाजिक और व्यवसायिक वातावरण तैयार करने हेतु जलवायु परिवर्तन पर राष्ट्रीय कार्य योजना के अंग के रूप में पर्यावरण और मूल्य आधारित शिक्षा पर एक "एक राष्ट्रीय मिशन" को शामिल किया जा सकता है।

❑❑❑

8

आपदाओं के सन्दर्भ में सम्भाव्यताएँ

'आपदा' अपने साथ अनेक प्रकार की आपदाओं को लेकर आती है। उदाहरण के लिए सूखे के कारण अकाल एवं अकाल के कारण उत्पन्न अन्य सामाजिक विषमताएँ सम्पूर्ण जन-समुदायों को प्रभावित करती हैं। बाढ़ के कारण जीवन सुरक्षा के लिए एक बड़ी संख्या में जनसमुदायों की अस्त-व्यस्तता देखने में आती है।

इस प्रकार की मिश्रित आपदाओं की एक जटिल शृंखला बन जाती है। अनेक आपदाएँ आकस्मिक रूप में भी आती हैं। गृह-युद्ध से बाधित समुदाय सूखे एवं अकाल की स्थिति से भी प्रभावित होते हैं। वे न तो स्वयं अन्न उपजा सकते हैं और न ही बाहरी देशों की सहायता ले सकते हैं। अनेक देशों में इस प्रकार की जटिल आपदा-ग्रस्त परिस्थिति देखने में आती है। वस्तुतः इस प्रकार की जटिल संकटपूर्ण परिस्थिति मानव निर्मित है। आपदा की स्थिति में राजनैतिक परिस्थितियों के कारण स्थिति और अधिक जटिल बन जाती है। उदाहरण के रूप में सत्तारूढ़ राजनैतिक दल की पराजय आपदाकालीन स्थिति को जटिल बना देते हैं। ऐसी स्थिति में निम्न प्रकार की संभवनाएँ रहती हैं—

(i) 'आपदा' की संकटपूर्ण स्थिति में प्रशासन की ओर से किए जा रहे सहायता कार्यक्रम शिथिल-प्रयास ही रह पाते हैं।

(ii) आपदाग्रस्त जनसमुदायों को प्रशासन की उदासीन मनोवृत्ति अन्य स्थानों से सहायता प्राप्त करने के लिए विवश करती है लेकिन, इन प्रयासों प्रति प्रशासनिक आशंकाएँ बनी रहती हैं।

वास्तव में प्रभावित जनसमुदाय प्रशासन से बहुत दूर स्थित होने के कारण साधारण परिस्थितियों में भी उपेक्षित रहते हैं। संघर्षपूर्ण स्थिति में तो प्रयास और अधिक निष्क्रम बन

जाते हैं। राजनैतिक प्रभावों से आपदाओं की प्रकृति और अधिक जटिल हो जाती है। वास्तविक समाधान प्राप्त करने के लिए सभी दलों में एकजुट होकर कार्य करने की तत्परता अवश्य होनी चाहिए। ऐसे समाधान प्राप्त करने के लिए दलों की सहमति "मानवीयता के आधार पर सहायता" कार्यक्रमों के अन्तर्गत समुदायों के व्यापक हितों को ध्यान में रखते हुए एकीकृत की जाती है।

अफ्रीका की स्थिति इस प्रकार की 'जटिल-आपदाओं' के स्वरूप में दी जा सकती है। गृह-कलह से बाधित अफ्रीका महाद्वीप के दीर्घकालीन संघर्ष अनेक प्रकार की प्राकृतिक आपदाओं सूखा, अकाल आदि के साथ मिलकर जटिल रूप ले लेते हैं। इथोपिया, सूडान, सोमालिया के अस्त-व्यस्त समुदाय देश की सीमाओं को पार कर सीमावर्ती क्षेत्रों में पलायन के लिए विवश हो जाते हैं। प्राकृतिक आपदाओं से भी अधिक भयानक प्रकृति की राजनैतिक परिस्थितियाँ और अधिक दुखद हो जाती हैं। 1991 के उत्तरार्द्ध 'हार्न' देश के निवासियों की स्थिति क्षत-विक्षत बन चुकी थी। आश्रय-स्थल की खोज में पलायन जन-समूहों की विवशता थी।

'आपदाओं' को इस जटिल प्रकृति के कारण विस्थापित जनसमुदायों की असंख्यता चिन्ताजनक रहती है। अफ्रीका की यह स्थिति केवल एक उदाहरण है। विश्वव्यापी स्तर पर निरन्तरता से विस्थापितों की संख्या व्यापक स्तर की बनी रहती है। अध्ययन की इस श्रृंखला में 'विस्थापित समुदाय' से तात्पर्य निम्नलिखित प्रकार के समुदायों से है—

(i) प्राकृतिक आपदा जैसे सूखा, अकाल आदि के कारण घर-बार छोड़कर जीवन-यापन की खोज में पलायन करने वाले समुदाय।

(ii) व्यक्ति अथवा समुदाय जो संघर्षपूर्ण स्थिति आते ही देश में कहीं और चले जाते हैं।

(iii) प्रशासन की ओर सुरक्षा कारणों की दृष्टि से विथापित जनसमुदाय। जातीय संघर्ष की स्थिति में प्रशासन को इस प्रकार के निर्णय लेने पड़ते हैं।

(iv) किसी देश से निष्कासित मानव-समुदाय जैसी सुरक्षा आर्थिक अथवा राजनैतिक कारणों से खतरे में पड़ गई हो।

विस्थापितों की समस्या को सुलझाने के लिए प्रारम्भ की गई अन्तराष्ट्रीय मानवीय सहायता प्रणाली नवीन प्रणाली है 'सहायता' कार्यक्रम तीन मुख्य कारणों से बाधित होते हैं प्रथम विस्थापित समुदाय 'शरणार्थियों' की श्रेणी में नहीं आते क्योंकि ये समुदाय अन्तर्राष्ट्रीय सीमाओं को पारकर दूसरे देश में दी जा रही प्रशासनिक सहायताओं एवं सुरक्षा प्रयासों से आश्वस्त नहीं रह पाते। तृतीय 'राष्ट्रीयता' किसी भी समुदाय की बाह्य सहायता प्राप्त करने में प्रोत्साहित नहीं करती।

परिणाम एवं प्रभाव

विस्थपित जनसमुदायों के संबंध में सामान्य लक्षणों की व्याख्या कठिन है क्योंकि प्रत्येक समुदाय की स्थिति भिन्न प्रकार की होती है। इन भिन्नताओं के रहते हुए भी कुछ 'सामान्यताएँ' भी अनुभव की जाती हैं जो निम्नलिखित प्रकार की हैं—

(i) जीविकोपार्जन की अभाव।
(ii) समुदाय पूर्ववर्ती सहायताओं से पृथक हो जाते हैं।
(iii) भोजन प्राप्ति के सामान्य स्त्रोत नष्ट हो जाते हैं।
(iv) आवास एवं अन्य प्रकार की सुविधाएँ नहीं रहतीं।
(v) ईंधन, आहार एवं पेयजल के अभाव।
(vi) जनाधिक्य एवं संक्रमण रोगों की संभावना।
(vii) आरक्षण के अभाव में मिले अनाथ बच्चों की अपार संख्या।
(viii) सम्पत्ति के रूप में अपनी भूमि से वंचित जनसमुदाय।
(ix) नए परिवेश में विचार-विनिमय की समस्याएँ।

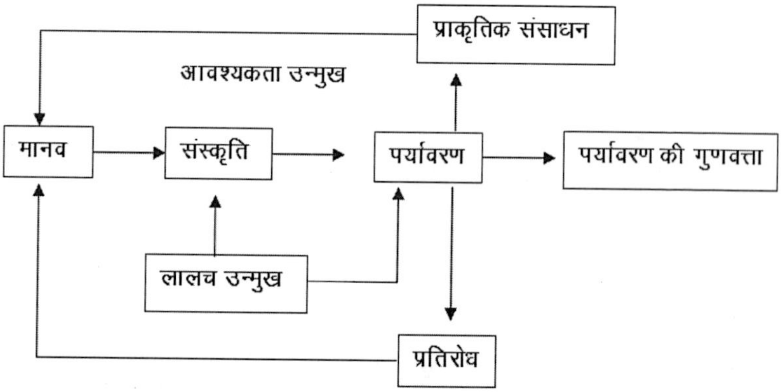

तनाव एवं सैन्य गतिविधियों के कारण उत्पन्न असुरक्षित वातावरण आपदा काल में अनेक समुदाय ऐसे भी होते हैं जो अपने घर-बार छोड़कर नहीं जाते। आपदाग्रस्त स्थिति में रहते हुए भी किसी बाह्य सहायता पर भी अनेक अधिकार नहीं बन पाते। उपरोक्त सभी समस्याएँ इन समुदायों को अपनी समस्याएँ होती हैं।

विश्वव्यापी स्तर पर विस्थापित जनसमुदायों की समस्याओं के निदान प्रयास अन्तर्राष्ट्रीय स्तर पर संगठित एवं समन्वित किए गए। मानवीय सहायता से सम्बंधित राष्ट्र संघ के प्रयास इस संदर्भ में विशेष रूप से उल्लेखनीय हैं।

राष्ट्र संघ के निर्णयों की अभिव्यक्ति आम सभा के प्रस्ताव 46/182 (दिसम्बर 1991) में की गई। प्रस्ताव के आधार पर मानवीय सहायताएँ मानवीयता के आधार पर निष्पक्ष रूप से दी जाती हैं। इस प्रकार अन्तर्राष्ट्रीय समुदाय के इन सहायता कार्यक्रामों को प्रभावित समुदाय तक पहुँचाने में राष्ट्र संघ की सहत्वपूर्ण भूमिका रहती है।

प्रस्ताव 46/182 के अनुरूप 500 लाख डॉलर की आपदाकालीन निधि निर्मित की गई। राष्ट्र संघ की ओर से विशेषज्ञों की सहायता एवं तकनीकी सहायता प्राप्त करने की व्यवस्था भी की गई। आपदा की स्थिति में ये सेवा-सुविधाएँ राष्ट्र संघ से तत्काल प्राप्त की

जा सकती हैं। आपदा की जटिल परिस्थितियों में राष्ट्र संघ के कार्यक्रमों के अन्तर्गत मानवीय सहायता कार्यक्रमों की समन्विति भी की गई। आपदा की जटिल एवं संकटपूर्ण परिस्थितियों में अन्य दलों के साथ मिलजुल कर उनकी सहायता एवं अनुमति के आधार पर अस्थाई निदान उपाय नियोजित किए जाते हैं। कार्यकाल एवं कार्य-स्थानों से संबंधित निर्णय भी इन्हीं आधारों पर लिए जाते हैं।

जटिल प्रकृति की आपदाओं की न्यूनीकरण के संदर्भ में अनेक प्रकार की संचालन समस्याएँ सामने आती हैं। विशेष रूप से सहायता दलों के सुरक्षा दायित्व। संघर्षपूर्ण परिस्थितियों में सहायता दलों के लिए पूर्ण सुरक्षा की आवश्यकता एवं कम से कम 'जोखिम' की सुनिश्चिति आवश्यक है। सहायता कर्मियों के सुरक्षा सन्दर्भित दायित्व राष्ट्र संध के दायित्व हैं। सैन्य संघर्षों की स्थिति में इस प्रकार के सुरक्षा कवच नितान्त आवश्यक बन जाते हैं। अन्तराष्ट्रीय मानवीय सहायता सन्दर्भित सभी अभियानों में राष्ट्र संघ से सुरक्षा कवच अनिवार्य तत्व हैं। परिवहन साधनों की सुरक्षा, वायुयानों की सुरक्षा, खाद्य पदार्थों एवं दवाइयों के वितरण की व्यवस्था राष्ट्र संघ की ध्वजा के अन्तर्गत विशेष रूप से सुरक्षित बने रहते हैं। राष्ट्र संघ की छत्र-छाया में सहायता कार्यक्रम सुगमता से एवं कुशलता से सम्पन्न हो पाते हैं।

वर्ष 1982 की वसंत ऋतु में मैक्सिको स्थिति ज्वालामुखी एल चिचोन में पहली बार विस्फोट हुए। प्रमाणिक ऐतिहासिक घटना के रूप में यह विस्फोट की पहली घटना प्रकृति की घातक थी। 35000 लोगों की जाने गईं। हजारों व्यक्ति बे-घरबार हो गए। इसके कुछ ही समय बाद वैज्ञानिक का पूर्वी प्रशानत महासागर में, गालापगोस द्वीप समूह से लगभग 1000 मील पश्चिम की ओर भूकंप की अनेकानेक घटनाओं के सन्दर्भ में जानकारी प्राप्त हुई। जून में अचानक ईस्टर द्वीप समूहों में वायु मंडलीय दबाव में कमी पाई गई। तेहीती में भी कम दबाव के क्षेत्र बने। एक महीने के पश्चात् मध्य प्रशान्त सागर में समुद्र जल स्तर में 6 से 10 इंच की अभिवृद्धि पाई गई जो कि असाधारण 4'' से 6'' तक कम हुआ। इसके पश्चात् भूमध्य रेखीय क्षेत्रों के निकटवर्ती भागों में तापमान की अभिवृद्धि पाई गई। मध्य प्रशान्त सागर में तापमान 30°C रहा जो कि सामान्य से 7°C अधिक था। वैज्ञानिकों के अनुसार समुद्र जल में तापमान की यह अधिकतम सीमा थी। पेरू के मछली पालन उद्योग के गहरा आघात पहुँचा क्योंकि मछलियाँ पूर्ण रूप से अदृश्य हो चुकी थीं। 'क्रिसमस' द्वीप समूहों में 170 जलाख पक्षी पूर्णतः अदृश्य हो गए। ग्रीष्म ऋतु के अन्तिम चरण में तटीय भूमध्य क्षेत्रों में एवं पेरू में घनघोर वर्षा हुई। सामान्य वर्षा से 300 गुना अधिक! यह घनघोर वर्षा अपने साथ अनेक आपदाएँ भी लेकर आई। जान-माल की भारी क्षति हुई। मध्य प्रशानत सागर में भयानक तूफान आए। सामान्य से बहुत अधिक संख्या में। इंडोनेशिया एवं आस्ट्रेलिया में भयानक सूखे की स्थिति पाई गई। दक्षिणी अफ्रीका में भी सूखे की स्थिति पाई गई। आस्ट्रेलिया में 'सूखा एवं मरुभूमि' विस्तार की स्थिति बनी रही। वनों में उत्पन्न अग्निकांड से 72 व्यक्ति मरे, 8000 की संख्या में जन-समूह बे-घरबार हो गए। धीरे-धीरे

सूखे की स्थिति भारत, श्रीलंका, फिलीपाइन्स हवाई एवं मैक्सिको में भी फैल गई। दिसंबर में अमेरिका की बारी आई। कैलिफोर्निया के मध्य-तटीय क्षेत्र के राजमार्ग क्षतिपूर्ण हुए। लॉस एंजिलेस में तूफान के कारण विनाश देखने में आए। दिसंबर की आपदाओं में पश्चिमी तट में 12 व्यक्तियों की जानें गईं। गल्फ-तटों में 50 व्यक्तियों की जानें गईं और 60,000 व्यक्ति बेघर हुए। प्रकृति के ऐसे विकराल रूप पहले कभी नहीं अनुभव किए गए। इन आपदाओं की भविष्यवाणी तो नहीं की गई लेकिन सही पूर्वानुमानर अवश्य किए गए थे। पेरू के मछुआरों को जानकारी थी कि प्रशान्त महासागर के जल में ताप की अधिकता मत्स्य-उत्पादन के लिए गहरे व्यवधान पहुँचाती है। निराश मछुआरे घर लौटते थे तो तटीय क्षेत्र भी बाढ़ से बाधित होते थे। प्रकृति की ओर से ये उपहार 'क्रिसमस' के समय मिलते थे! हताश मुछआरे इन्हें यलनीनो कहकर पुकारते थे।

इस शतक के इतिहास पर दृष्टि डालें तो भूगर्भीय ज्वालामुखी तथा अन्तर्जलीय भूकंप की घटनाएँ इन प्राकृतिक आपदाओं के मूल कारणों के रूप में स्पष्ट हो जाती हैं। लेकिन इन प्राकृतिक घटनाओं के बारे में वैज्ञानिकों की जानकारी बहुत ही कम है और पूर्वानुमानों में वास्तविकता केवल आंशिक ही होती है। अन्तरिक्ष और समय (दिक-काल अर्थात् दिक्काल) मानव की सीमितता को स्पष्ट कर देते हैं।

विकास की गति में पृथ्वी पहले आग के गोले के रूप में थी, धीरे-धीरे उसकी सतह ठंडी हुई और ऊपरी सतह पर एक ठोस कड़ी सतह बन गई। यही हमारी पृथ्वी है। इसी कड़ी सतह (पर्त) के नीचे विभिन्न प्रकार की सघनताओं की अनेक सतहें हैं। केन्द्रीय भूभाग में ताप की अधिकता अभी भी है लेकिन अत्यधिक दबाव के कारण यह आन्तरिक द्रव भाग ठोस रूप में ही है। इस आभ्यंतर भाग के निकटवर्ती भाग जहाँ दबाव कम है अधिक सघन तरह रूप में है। भूगर्भीय संरचनाओं की जानकारी हमें आश्चर्यचकित कर देती है।

अभ्यन्तर भाग के चारों ओर लौह-सम्पन्नक कवच हैं। इसमें दो पर्तें हैं। पहली पर्त है इसमें चट्टानें पिघली हुई अवस्था में हैं इसके ऊपरी भाग में जिसमें चट्टानें सचेत हैं। इस पर्त के ऊपर स्थित भूमि की पर्त है जो अधिक सघन नहीं है। जल सागर के निचले भाग लवण-युक्त हैं। (सामान्य सघनता 3.7 मील) एवं महाद्वीपों के निचले भाग ग्रेनाइट के हैं। लौह कवच एवं पर्त के मध्य की सीमाएँ कहलाती हैं क्योंकि इनके विषय की बहुत-सी जानकारी युगोस्लाविया के भूगर्भ वैज्ञानिक मोहो ने दी थी। भूमि की संभावित आयु 46000 लाख वर्ष है। आयु की गणना रेडियम धर्मी चट्टानों की क्षति के आधार पर की गई है। इस संदर्भ में मतभेद हैं लेकिन अधिकांश वैज्ञानिक इसे स्वीकार करते हैं। समय की यह विस्तृत कल्पनातीत है। समय की इस विस्तृत को समझने के उद्देश्य से पृथ्वी निर्माण की इस घटना को 24 घंटों की समय सीमा में बाँधे तो इस पैमाने के अनुसार 4 बजे पृथ्वी की रचना पूर्ण हुई। रात्रि के 12 बजे से प्रातः 4 बजे प्रातः पृथ्वी की रचना पूर्ण हुई। इस समय में पुरातन चुट्टानें बन चुकी थीं। 6 बजे जीवन प्रारंभ हुए। 5 घंटों में वातावरण में आवश्यक प्राण वायु (आक्सीजन) की निर्मित हो चुकी थी। सायं 5 बजे अणु-नाभिकीय रचना प्रारम्भ हुई। प्रथम

जीव की सृष्टि 8.20 के लगभग हुई। 9.10 बजे जीवांश बनने लगे। वनस्पति 9.50 में बनी। सृष्टि के विपुलकाय जीवन 11.20 तक विलुप्त हो चुके थे। मध्य रात्रि के 10 मिनट पहले मानव पृथ्वी का निवासी बना। 3.7 सेकेंड के पश्चात् उद्योग प्रारंभ हुए। इतिास के इस अन्तिम घंटे में (200 लाख वर्ष में) महाद्वीप बने। अखंड पृथ्वी अनेक भूभागों में विभक्त हो गई। गतिशील भूभागों की यह संकल्पना वर्तमान समय में सभी को स्वीकार्य है।

कालान्तर में ये सेतु विनष्ट हो जाते थे क्योंकि पृथ्वी के भू-पृष्ठ ठंडे होने पर सिकुड़ जाते थे। विघटनामिकता की स्वीकृति से पूर्व की मान्यता यह थी कि भूगर्भीय ताप भूमि के धीरे-धीरे ठंडे होने के कारण वातावरण में विनिष्ट हो जाते हैं। 1911 में इन सेतुओं की धारणा के प्रति आशंकाएँ बनी हुई थीं। वेगनर महाद्वीपों के संवहन की संभावनाओं के प्रति आश्वस्त हो चुके थे। वेगनर के अनुसर एक विशाल महाद्वीप (जिसे उन्होंने पंगाई की संज्ञा दी) लाखों वर्ष पूर्व अनेक भागों में विभक्त भूखंडों के संवहन के आधार पर वर्तमान समय के महाद्वीपीय संगठन बना सकें।

महाद्वीपीय संवेदनों की धारण 'पहिकाविवर्तिनिकता' अर्थात् चट्टानों के रूपम वास्तु-निर्मित की संभावना के कारण और अधिक बल प्राप्त कर सकी। अटलांटिक महासागर के तल में एक विशाल पर्वत श्रृंखला की उपस्थिति 1850 के काल में स्वीकार की गई। सन् 1947 में सामुद्रिक संरचनाओं के संबंध में किए गए अध्ययनों के आधार पर पाया गया कि ये पर्वत श्रृंखलाएँ ज्वालामुखी मूल की हैं और अपेक्षाकृत नवनिर्मित हैं। समुद्र तल निर्माण इनसे पूर्व हो चुके थे।

भूगर्भ वैज्ञानिक ब्रूज हीजन की अभिरुचि इन अन्वेषणों के प्रति इतनी अधिक हो गई थी कि उन्होंने सम्पूर्ण विश्व समुद्र तल के त्रि-आयामी मानचित्र बनाने की प्रक्रिया प्रारम्भ की। मध्य अटलांटिक में V आकार की घाटी मध्य भाग से प्रारम्भ होरक पूरी लंबाई में व्याप्त थी। यह भी जानकारी मिली कि इन घाटियों में भूकंप की संभावनाएँ निरन्तर बनी रहती हैं। अटलांटिक महासागर में समुद्री तटों के टूट जाने की घटनाएँ भी इन धारणाओं को पुष्ट कर रही थी। विभ्रंश घाट सदैव मध्य भाग में ही नहीं पाई जाती वरन् भूकंप से प्रस्तावित क्षेत्रों में मीलों की लंबाई में सामुद्रिक भू-पृष्ठ पर इनकी उपस्थिति पाई गई। मध्य अटलांटिक पर्वत श्रेणी में ताप प्रवाहों की अधिकता 8 गुना अधिक पाई गई। संभवतः भूमि तल इन प्रभावों में विछिन्न हुए और वर्तमान में भी इन विभाजन कारी घटकों से प्रभावित हैं।

आधुनिक भूगर्भ वैज्ञानिकों के अध्ययन समुद्र तलों के बारे में अधिक है। इन तलों से ही बहकर महाद्वीप भी बने। इन्हीं तलों में पहाड़ों की श्रृंखलाएँ एवं घाटियाँ दोनों ओर विपरीत दिशाओं में बनीं। पुरानी पर्तें घाटियों के जल में निमग्न हो गईं और आज भी महाद्वीपों के किनारे पर मिलती हैं।

समुद्र तल के विस्तर 'श्रृंखला' के दोनों ओर प्रतिवर्ष आधे इंच की रफ्तार से बने। इस गति से वर्तमान समय की समुद्र तलों के निर्माण में भी 2000 लाख वर्ष लगे होंगे।

पुरानी चट्टानों की परीक्षा से भी लगभग यही समय-निर्धारण की गई। 1970 तक समुद्र में पहली बार दक्षिणी आइसलैंड में 'सुर्टसी' नामक ज्वालामुखी द्वीप के पाये जाने की जानकारी मिली। सामुद्रिक पर्वत शृंखलाओं की चट्टानों में चुंबकीय शकित के विन्यास भिन्न-भिन्न प्रतिमानों (नमूनों) में थे।

पूर्वी प्रशान्त (ईस्टर द्वीपों के दक्षिणी भाग) विशेष प्रकार के थे। इन चट्टानों की चुंबकीय शक्ति अद्‌भुत प्रकार की थी। आगे पीछे की ओर गतिशील एवं 'जीब्रा' के नमूने की। काली धाराएँ एक दिशा की ओर की शक्ति प्रदर्शित करती थीं एवं इनके मध्य की सफेद घाटियाँ विपरीत दिशा की चुंबकीय शक्ति की थी। एक अन्य अध्ययन से यह भी जानकारी मिली कि पृथ्वी की चुंबकीय शक्ति की थी। एक अन्य अध्ययन से यह भी जानकारी मिली की पृथ्वी की चुंबकीय शक्ति से दिशा परिवर्तन संभव हैं। 10 लाख वर्षों में इस प्रकार के परिवर्तन 3 या 4 बार हुआ। गत् 700 लाख वर्षों में इस प्रकार के परिवर्तन हुए हैं।

कैलिफोर्निया तकनीकी संस्थान के वैज्ञानिक डान एण्डर्सन ने लिखा कि पृथ्वी को ग्रह कहना अनुचित प्रतीत होता है क्योंकि वह तो जल-सागर है। समुद्र विस्तृत पृथ्वी में 71 प्रतिशत जल है। समुद्र का सामान्य क्षेत्रफल 36130000 वर्ग किलो मीटर है। उनके त्रिविध आयाम एवं अनन्त प्रवाह एवं प्रभावकारिता कल्पनातीत हैं। जेम्स लवलोक ने इस प्रवाह की तुलना शरीर में प्रवाहित रक्त-संचर से की।

आँधी तथा तेज तूफानी हवाएँ तरंगों को अपरिचित शक्ति प्रदान करती हैं। स्थिर पवन प्रवाह सामुद्रिक धाराओं को निर्मित करते हैं। पृथ्वी की चक्रीय गति के साथ, मौसम के परिवर्तनों के अनुसार निरन्तर समुद्र की गतिशीलता बनी रहती है। अपार जलराशि ऊपर उठती है, अन्तराल तक जाती है, ताप एवं पवन की गति से प्रभावित होती है। मिश्रण की यह प्रक्रिया अनेकानेक वर्षों तक चलती है।

अध्ययनों के अनुसार (1970) अटलांटिक महासागर की गहराई में पाई जाने वाली जल राशि 300 साल पुरानी हो सकती है। समुद्र में ताप महाद्वीपों की तुलना में अधिक सुरक्षित रह सकता है। शीत एवं उष्ण काल में समुद्र जल के तापमान के अन्तर 10 से अधिक नहीं रहते जबकि पृथ्वी तल पर अन्तर 80 तक हो सकते हैं। ऊपरी जल सतह में (10 फुट में) वातावरण की सारी शकित समाहित होती है। इसी कारण सामुद्रिक तापमान के थोड़ से अन्तर पवन तापमान को परिवर्तित कर सकते हैं, और इस प्रकार मौसम एवं जलवायु को प्रभावित करते हैं। भारत में मानसून की संरचना इसी प्रकार होती है। 'एल-निनों' इसका एक और उदाहरण है।

महासागर ताप संवहन करते हैं। अटलांटिक महासागर से उत्तर-पूर्व की ओर प्रवाहित जलावर्त के कारण उत्तर पश्चिमी यूरोप विशेष रूप से बर्नानिया के द्वीपों को सुहावना मौसत मिल पाता है। जलावर्त्त के मापन अलग-अलग गहराइयों में किए गए। उपग्रहों के माध्यम से भी, चित्रों के रूप में जानकारी मिली। इस सबसे यही जानकारी मिली कि जलावर्त्त नदी की भाँति नहीं हैं उसकी सीमाएँ निरन्तर परिवर्तित होती रहती हैं। उसकी गति भी परिवर्तनीय

है। जलावर्त्त की परिवर्तनीयता एवं प्रवाह की अनियमितता सामुद्रिक वैज्ञानिकों के लिए आश्चर्यजनक वस्तु बनी हुई है।

अफ्रीका महाद्वीप के पश्चिमी तटों पर आनेवाले भयानक तूफान अमेरिका के तटीय क्षेत्रों को बाधित नहीं करते और अन्ततः उत्तरीय अटलांटिका में समा जाते हैं। उनकी दिशा और गति भी प्रत्याशित रूप से परिवर्तित हो जाती है। लेकिन खाड़ी जलावर्त्त सदैव बना रहता है। अलनीनो की तरह सामयिक एवं आकस्मिक नहीं है। प्रशान्त महासागर में यदि दबाव अधिक हों तो हिन्द महासागर में दबाव कम होते हैं। अफ्रीका से आस्ट्रेलिया तक इसी प्रकार की स्थिति रहती है। वर्षा दबाव से प्रतिकूल दिशा में होती है। इन प्रतिमानों को दक्षिणी दोलन की संज्ञा दी गई।

अलनीनो साउथर्न आँसीलेशन के अन्तरर्गत अब समुद्र में भूभागों में एवं वातावरण में यंत्रों की सहायता से निरीक्षण किए जाते हैं। इस विषय में पर्यापत आँकड़े भी प्राप्त किए गए। 'एल-निनों' के प्रभावों की पूर्व-जानकारी प्राप्त करने के प्रयास भी समन्वित किए गए। वातावरण एवं जन-सागरों के पारस्परिक सम्बन्ध भू-विज्ञान के लिए अत्यधिक महत्त्वपूर्ण हैं। समुद्र जल के वाष्पीकरण एवं परिणामस्वरूप उत्पन्न वर्षा एवं इन घटनाक्रमों की जानकारी आदिकाल से प्राप्त है जो आँधी ताप व संवहन में सहायक बनती है। पृथ्वी के गर्भ भागों की हवाएँ ठण्डे क्षेत्रों में जाती हैं। लेकिन इन प्राकृतिक गतिविधियों की निश्चितता के बारे में आज भी कुछ नहीं कह सकते। इनकी तीव्रता, आकस्मिक आघात आदि के विषय में निश्चित रूप से कुछ नहीं कह सकते। तापमान, दबाव, वर्षा, पवन गति आदि प्रकृति की भौतिक शक्तियाँ हैं इनके सन्दर्भ में हमारी जानकारी बहुत ही कम है। वर्षा या सूर्य के प्रकाश की कामना से आज भी स्वाभाविक रूप से प्रार्थना करते हैं। ग्रहण के सन्दर्भ में क्या कभी प्रार्थना करते हैं। प्रकृति की इस घटना की सूचना हमें निश्चितता से मेघ, घटा, वर्षा आदि प्राकृतिक शक्तियों की अनभिज्ञता आज भी पूर्ववत् बनी हुई है। प्रकृति की ये शक्तियाँ हमारे लिए वरदान स्वरूप भी हैं और अभिशाप के रूप में भी हैं। उत्तर-पूर्वी साइबेरिया में पवन को मुखिया कहते हैं, अरेबिया में ससिभम (विषैली हवा), तुर्किसतान में (Lelad) (ज्वार लाने वाही हवा), दक्षिणी फ्रांस में 'मित्रल' एवं स्विट्जरलैण्ड में फोइन (Fohn) यहाँ के निवासियों के लिए यह हवा वरदान भी है और अभिशाप भी! वरदान इसलिए कि राइन घाटी में अंगूर पकने लगते हैं, मक्के की अच्छी फसल होती है। अभिशाप इसलिए कि वृक्ष विनष्ट हो जाते हैं, भूस्खलन की सम्भावनाएँ अधिक हो जाती हैं, इस हवा के प्रभाव से जाड़े की बर्फ समाप्त हो जाती है। एक दिन में शुष्क और गर्म हवा बर्फ को उड़ा देती है।

इसी प्रकार के संकुचन बड़े पैमाने पर मरुभूमि प्रसार के मुख्य कारण हैं। भूमध्य क्षेत्रों के गर्म हवा बहुत अधिक ऊँचाई से सूर्य ताप को शोषण करती हुई नमी से वंचित यह हवा जब पुनः एक बार पृथ्वी तल पर लौटती है तो मरुभूमि जैसी स्थिति विस्तृत होती जाती है।

भूचक्रण के कारण चक्रवातों की गति उत्तरी एवं दक्षिणी गोलार्द्ध में विपरीत दिशाओं में होती है। केवल दबाव ही नहीं तापमान आर्द्रता एवं वेग, मेघ आदि भी प्राकृतिक घटक

हैं जिनसे चक्रवात प्रभावित होते हैं। कुछ मिलाकर निष्कर्ष यही रहते हैं कि अनेक प्रकार की वैज्ञानिक सुविधाओं एवं उपलब्धियों के रहते हुए भी प्राकृतिक घटनाक्रमों की पूर्व सूचनाएँ बहुत अधिक सार्थक नहीं बन पातीं। 'ब्जेरक्राइस' के अनुसार विभिन्न प्रकार के वायु के प्रवाह के घनमण्डल बनाते होंगे। इसके विपरीत शीत-वायु ताप वायु के प्रवाह में आकर तापमान कम करेगी और इस कारण बर्फ गिरेगी। ये धारणाएँ प्रतिदिन की मौसम सम्बन्धी जानकारियों के लिए उपयोगी होती हैं। इनकी उपयुक्तता स्थानीय परिवेश के लिए महत्त्वपूर्ण है। इनके प्राकृतिक वातावरण के सम्पूर्ण संरचना की व्याख्या नहीं होती।

प्राचीन समय से ही यह मान्यता थी कि ऊँचाई के बढ़ने से तापमान कम होता जाता है। लेकिन इन वैज्ञानिक अन्वेषणों के माध्यम से जानकारी मिली कि 7 मील की ऊँचाई तक वातावरण अन्य घटकों से जैसे घन, पवन, वर्षा आदि से प्रभावति होता है। इसके बाद उसमें स्थिरता आ जाती है। तापमान 30 मील की ऊँचाई पर 21 पाया गया जो कि सम्भावित तापमान 51 से काफी अधिक था। इस ताप अधिकता के कारणों की जानकारी 1930 में 'ओजोन-वलय' की जानकारी के साथ प्राप्त हुई।

ओजोन वलय (इसमें प्राणवायु (ऑक्सीजन) के 3 परमाणु होते हैं) सूर्य की पराबैंगनी किरणों को सोख लेता है जो कि पृथ्वी के लिए हानिकारक होती हैं। ओजोन वलय सूर्य के नजदीक आते-आते सघन हो जाता है। लेकिन सबसे अधिक सघन मध्य भाग में पाई जाती है। ओजोन की सीमा पार करते ही तापमान पुनः कम होने लगता है। 50 मील दूरी तक यह स्थिति बनी रहती है।

आइनोस्फियर तथा थर्मोस्फीयर तापयनिक क्षेत्र में 50 से 180 मील की ऊँचाई में तापमान में बहुत अधिक भिन्नता होती है। ताप की अधिकता 2000 तक हो जाती है। लेकिन वायु के अभाव में ताप की अधिकता सामान्य की भाँति प्रभावकारी नहीं रहती। दक्षिणी अथवा उष्ण ध्रुवीय ज्योति के ये क्षेत्र विद्युत चुम्बकीय होते हैं। विकिरणों संचार व्यवस्था के लिए इनकी अनिवार्यता रहती है। इस क्षेत्र उपरान्त ग्रहों के मध्य के क्षेत्र होते हैं। पृथ्वी की ऊँचाई 300 से 400 मील तक रहती है लेकिन वायु के अणु नहीं रहते। सूर्यमण्डल के अन्य ग्रहों के परिवेश एवं पृथ्वी में बहुत अधिक भिन्नता है। मंगल एवं शुक्र ग्रह में कार्बन-डाइ-ऑक्साइड की अधिकता पाई जाती है। पृथ्वी अपने ताप का 99 प्रतिशत सूर्य से प्राप्त करती है। वर्तमान समय में सूर्य ताप 25 प्रतिशत अधिक हो गया है। धरती के प्रारम्भ के समय लगभग 46000 लाख वर्ष पूर्व यह ताप 25 प्रतिशत कम था।

प्रारम्भिक काल में यदि सूर्य का ताप कम होता तो पृथ्वी में ताप की मात्रा हिमांक से कम हो जाती है और यदि सूर्य ताप 25 प्रतिशत अधिक है तो पृथ्वी का औसतन ताप 30°C होगा। पृथ्वी में ताप की सौम्यता के कारण क्या हो सकते हैं? वह मंगल की तरह ठण्डा अथवा शुक्र की तरह गर्म क्यों नहीं है? इन प्रश्नों के वैज्ञानिक समाधान हमें प्राप्त नहीं हैं। भूमि में जीवन के प्रारम्भ के सन्दर्भ में हमारी जानकारी अधिक नहीं है।

वैज्ञानिक जानकारियों से प्राप्त संख्याएँ केवल आंशिक रूप से पृथ्वी के जीवन की व्याख्या कर पाती हैं। प्रकृति के विविध प्रकार के जीवन उनकी सूक्ष्म एवं मूक प्रकृति और भी अधिक आश्चर्यजनक है। इस प्रकार के अद्भुत जीवाणु 1000 फुट के नीचे दबे हुए अवशेषों में पाए गए। हाल ही में 100 फुट की गहराई पर खनिज तेल के उत्पादन के लिए किए गए खनन से हमें इस प्रकार की जानकारी मिल सकी।

जैविक अणु के विच्छेदन जीवाणुओं से सम्भव हो सकते हैं। इस प्रकार का ज्ञान हमें सूक्ष्म जीवविज्ञान से मिलता है। अनेक भूगर्भीय गतिविधियों के मूल में जीवाणु हो सकते हैं। इस प्रकार के अवलोकन महत्त्वपूर्ण हैं। जीवाणु अनेकानेक अरबों वर्षों से पृथ्वी तल पर बने हुए हैं। मानव-जीवन की दीर्घता पृथ्वी पर क्या निरन्तर बनी रहेगी? भू-इतिहास में 5 महत्त्वपूर्ण उन्मूलन हो चुके हैं। 4400 लाख वर्ष पूर्व प्रथम समूल उन्मूलन एवं तत्पश्चात् उद्भव प्रकृति प्रेरित हैं। इस तथ्य का अंदाजा हम सामयिक दृष्टि से लगा सकते हैं।

❑❑❑

9

आपदाओं के घातक प्रहारों की महत्ता

सृष्टि में बहुमूल्य जीवन को प्राकृतिक आपदाओं से बचाने के लिए एवं अन्तर्राष्ट्रीय विकास के लिए भूगर्भ वैज्ञानिक, भू-भौतिकी एवं अभियान्त्रिकी संगठनों के समन्वित प्रयास राष्ट्र संघ के आपदा निवारण एवं न्यूनीकरण कार्यक्रमों के साथ-साथ प्रारम्भ किए गए। प्राकृतिक आपदाओं की सघनता एवं निदान उपायों की सीमितता के कारण, अविकसित एवं निर्धन देशों के लिए इनकी महत्ता विशेष रूप से बहुत अधिक है। प्राकृतिक आपदाओं के अतिरिक्त मानवनिर्मित आपदाओं के लिए भी यही वर्ग सर्वाधिक संवेदनशील है।

प्राकृतिक आपदाएँ नवीन घटनाएँ नहीं हैं उनकी सम्भावनाएँ सदैव बनी रहती हैं। लेकिन कुछ विशिष्ट कारणों से दुर्घटना की सम्भावनाएँ एवं आपदाओं की घातकता बहुत अधिक हो जाती है।

1. जनाधिक्य
2. तकनीकी विकास की अधिकता
3. प्रौद्योगिकी का विकास
4. परिवहन साधनों की अधिकता एवं अपव्ययता
5. प्रबन्धन प्रणालियों की अपर्याप्तताएँ
6. विज्ञान के नवाचार प्रयोग जिनसे असन्तुलन की सम्भावनाएँ बनी रहती हैं।

प्रकृति के अनेक जटिल एवं दीर्घगामी प्रतिक्रियाओं के सन्दर्भ में जैसे अम्लीय वर्षा, वन-विनाश, ओजोन क्षीणता आदि के सन्दर्भ में वैज्ञानिक अन्वेषणों की गतिविधियाँ पहले से कहीं अधिक महत्त्वपूर्ण स्थान पा रही हैं, इनके प्रति जागरुकता की भावनाएँ भी निरन्तर अभिवृद्धि हो रही हैं।

प्राकृतिक भू-आपदाएँ जीवन सुरक्षा एवं सम्पत्ति के लिए सर्वाधिक घातक सिद्ध होती हैं लेकिन मानव केन्द्रित आपदाएँ भी समय के साथ उनके मिश्रित रूप और अधिक भयानक बन जाते हैं। व्यापक रूप से विचार करें तो भूमि, जल-मण्डल, पर्यावरण सभी आपदाओं से प्रभावित होते हैं, आपदाओं की प्रकृति पूर्ण रूप से प्राकृतिक अथवा मानवनिर्मित अथवा मिश्रित प्राकृतिक की हो सकती है। वस्तुतः मानव केन्द्रित एवं प्राकृतिक आपदाओं की विभाजन रेखाएँ अत्यधिक धूमिल प्रकृति की होती हैं।

प्राकृतिक आपदाओं के सम्बन्ध में निर्मित मानचित्र एवं मूल्यांकन कार्यक्रमों से मानवीय निर्माण कार्यक्रमों की 'दिशा-बोध' के सुअवसर मिलते हैं। इनकी सहायता से अनेक संकटपूर्ण परिस्थितियों में सुरक्षा भी मिलती है। अनेक प्रकार की प्राकृतिक आपदाएँ मानवीय गतिविधियों के कारण उत्पन्न होती हैं। विशेष रूप से भूगर्भीय गतिविधियों के कारण अनेक प्रकार की आपदाएँ निर्मित होती हैं।

तटीय क्षेत्रों के पर्यावरण पूर्णतः तैलीय प्रदूषण से प्रभावित है। हिमालय क्षेत्र में सड़क निर्माण के कार्यक्रम निम्न कोटि की यान्त्रिकी उपायों के कारण भूस्खलन जैसी आपदाओं को नियन्त्रित करते हैं। अधिकाधिक आर्थिक लाभ के उद्देश्य से किए जा रहे खनन कार्यक्रम दुर्घटना के मुख्य कारण बनते हैं। आकस्मिक प्राकृतिक आपदाएँ जैसे भूकम्प, बाढ़, ज्वालामुखी विस्फोट आदि प्रचार माध्यमों का ध्यान सर्वाधिक रूप से आकर्षित करती हैं। लेकिन धीमी गति की भू-आपदाएँ जैसे अकाल, महामारी आदि जनसमुदायों को अधिक क्षतिग्रस्त बनाती हैं। व्यापकता एवं निरन्तरता से आघात पहुँचाती हैं। लेकिन माध्यमों से उनकी विशेष जानकारी नहीं मिल पाती।

बहुत अधिक समय से वैज्ञानिक गतिविधियाँ अपनी उपलब्धि सीमाओं में ही केन्द्रित हो रही हैं। हरित-गृह-प्रभाव जैसी विषम परिस्थितियों के लिए वैज्ञानिक समुदायों को एकजुट होकर इन सीमा-बन्धनों से मुक्त होकर काम करने की आवश्यकता रहेगी। विज्ञान के सामाजिक दायित्व एवं परिप्रेक्ष्य भी समान रूप से महत्त्वपूर्ण हैं। वैज्ञानिक अध्ययन के इस प्रयास में भूकम्प, ज्वालामुखी विस्फोट मिट्टी के कटाव, भूमिगत जल स्तर एवं आपदा-निदान-उपायों की चर्चा भी प्रस्तुत की गई है। लेकिन आपदाओं की व्यापकता, विपुलता एवं घातकता को देखते हुए अध्ययन के ये सभी प्रयास आशक्त एवं प्रारम्भिक प्रयास ही रह पाते हैं। विकिरण, अम्लीय वर्षा एवं भूमण्डलीय ताप की अधिकता (हरित-गृह-प्रभाव) की चर्चा अध्ययन के अन्तर्गत सम्मिलित नहीं हैं। विकसित देशों में तापन तापाधिक्य एवं विकिरण की विशाल समस्याएँ सामने आती हैं तो विकासशील देशों में प्रौद्योगिक प्रगति की गति एवं नगरीकरण के कारण अम्लीय वर्षा अनुभव की जाती है।

वैश्विक तपन जटिल श्रेणी की प्राकृतिक आपदा जिसमें मानवीय क्रियाकलापों के कारण प्राकृतिक प्रतिक्रियाओं की शृंखला बन जाती है। ज्वालामुखी एवं अन्य प्राकृतिक गैस उत्सर्जन विकिरण एवं प्रसार स्थाई प्रकृति के होते हैं और सदैव उसी प्रकार के रहते हैं।

लेकिन वास्तविकता पूर्णता भिन्न है एवं ऐतिहासिक अध्ययनों के आधार पर इनमें उतार-चढ़ाव एवं परिवर्तन पाए गए।

'चेर्नोबिल' जैसी दुर्घटनाओं को रोकने के लिए इस प्रकार के नियन्त्रण नितान्त आवश्यक हैं। भूकम्प की घटनाओं के मूल्यांकन अधिक आवश्यक माने गए क्योंकि जनसंख्या की अभिवृद्धि के साथ-साथ इन आपदाओं की प्रभावकारिता भी अभिवृद्ध होती जाती है।

भूमि के सुविचारित उपयोग, साधनों की सुरक्षा एवं प्राकृतिक पर्यावरण संरक्षण की आवश्यकता पर हाल ही में एडिग बर्ग के 'ड्यूक' ने अपने विचार व्यक्त किए।

भूक्षति से सन्दर्भित हमारी जानकारी 'फाइफे' से प्राप्त जानकारियों से एक बार पुनः प्राप्त हुई। मानव जीवन के लिए प्राण वायु एवं जल की भाँति ही मिट्टी भी अनमोल है। पृथ्वी की बढ़ती हुई जनसंख्या एवं जनाभिवृद्धि के साथ-साथ बढ़ते हुए प्रदूषण की भयंकर स्थिति की जानकारी भी 'फाइफे' से प्राप्त हुई।

प्रकृति संरक्षण के प्रयास सम्पूर्ण मानवता के दायित्व हैं। प्रशासनिक एवं राजनैतिक स्तर पर भी संरक्षण के प्रयास नितान्त आवश्यक हैं। जो प्रशासन की नीतियों के कारण पग-पग पर हो रहे पर्यावरण आघातों को कम कर सकेगी। जैसे—अधिक अन्न उपजाने के लिए हम कृषि भूमि के उपयोग को निरन्तर अभिवृद्ध नहीं कर सकते। भू-संरक्षण आवश्यक है। प्राकृतिक परिवेश को यथासम्भव सुरक्षित बनाए रखने की आवश्यकता है, परिवहन सुविधाओं के नाम पर वन-भूमि एवं पर्वतीय क्षेत्रों की अस्मिता नष्ट नहीं की जा सकती।

आपदा न्यूनीकरण एंव प्रबन्धन सम्बन्धी संयुक्त राष्ट्रसंघ के निर्देश दो प्रकार के हैं—

1. आपदाग्रस्त क्षेत्रों में निदान कार्यक्रमों के लिए अन्तर्राष्ट्रीय सहायता कार्यक्रमों को संचारित करने के प्रयास।
2. आपदा के प्रति संवेदनशील क्षेत्रों में सुरक्षात्मक एवं प्रतिरक्षात्मक गतिविधियों को अभिवृद्ध करने के लिए प्रयास एवं तकनीकी सहायता कार्यक्रमों की व्यवस्था।

राष्ट्र संघ के सहायता कार्यक्रम स्वतन्त्र रूप से नियोजित नहीं किए जाते है। आपदा न्यूनीकरण एवं प्रबन्धन राष्ट्र संघ (UNDRO) द्वारा निर्मित स्थिति विषयक रिपोर्टों के आधार पर सहायता कार्यक्रम नियोजित किए जाते हैं। आपदाकालीन स्थिति की जानकारी, निदान उपक्रम एवं समुदाय की विशेष आवश्यकताओं के सन्दर्भ में (UNDRO) के प्रतिनिधि जानकारी उपलब्ध कराते हैं।

□□□

संदर्भ सूची

1. Barry, R.G. and Chorley, R.J., Atmosphere, Weather and Climate, Mathur & Co., 1976.
2. Conrad, V.,Fundamentals of Physical Climatology, Harvard University Press, 1952.
3. Donn, W.L., The Earth, John Wileys & Sons, 1972.
4. Ian, D. Whyte, Climatic Change and Human Society, Arnold,London, 1995.
5. Mathew, J.R., Climatology : Fundamentals and Applications. Mc Graw Hill, 1974.
6. Peel, R.F., Physical Geography, English University Press, London, 1952.
7. Trewartha, G.T., An Introduction to Climate, M.C. Graw Hill, 1968.
8. Asthana, N.C., Disaster Management, Aavishkar Publishers Distributors, Jaipur, 2014.
9. Dagar, J.C. Climate Change and Crop Production, Aavishkar Publishers Distributors, Jaipur, 2014.
10. Dangi, R. Disaster Management, Pointer Publishers, Jaipur, 2012.

11. Sati., V.P., Disaster Management & Risk Reduction, Aavishkar Publishers Distributors, Jaipur, 2013.

12. माथुर, उमेश बिहारी एवं श्रीवास्तव, पी.सी., जलवायु परिवर्तन, राजस्थान हिन्दी ग्रंथ अकादमी, जयपुर (राजस्थान) 2014

13. मणि एम., वैश्विक तापन, आइसैक्ट होशंगाबाद रोड, भोपाल, 2013

14. कनिंघम, डब्ल्यू, पी. एवं कनिंघम एम.ए. (2007), प्रिंसिपल ऑफ एनवायरमेंटल साइन्सेज, इन्क्वायरी एण्ड अधिवेशन 269–299, टाटा मैकग्रा हिल्स कम्पनी, लि., नई दिल्ली

15. प्रभा, एम. आपदा : विघटनकारी घटना, विज्ञान पत्रिका, विज्ञान परिषद, प्रयोगराज (उत्तर प्रदेश), 2005

16. सिंह, वीरेन्द्र (2014), आपदा प्रबंधन, गीतांजली प्रकाशन, दिल्ली

17. सिद्दीकी के, डोगरें, पी.एन., मिश्र के. पर्यावरणीय अध्ययन, कुशल प्रकाशन, ज्ञान मण्डल प्लाजा, वाराणसी, 2008

18. सिंह, निशांत, आपदा प्रबंधन, राधा पब्लिकेशन्स, दिल्ली, 2014

19. सी.बी.एस.ई. आपदा प्रबंधन, गोयल ब्रदर्स प्रकाशन, दिल्ली

20. के., सिद्धार्थ एवं मुखर्जी, एम. आपदा प्रबंधन, नई दिल्ली

21. मिश्रा, एस.पी. प्राकृतिक प्रकोप एवं आपदाएं, पोइन्टर पब्लिशर्स, जयपुर, 2013

❑❑❑